Daniele Gasparri

Vita nell'Universo
Eccezione o regola?

In copertina: rappresentazione artistica del pianeta extrasolare che orbita attorno ad Alpha Centauri, il sistema stellare a noi più vicino. La stellina luminosa in alto a sinistra è il Sole, distante 40 mila miliardi di chilometri. La Terra? Un punto invisibile persino con i nostri più potenti telescopi.

Prefazione

Di tutti i temi astronomici, la ricerca della vita al di fuori del nostro pianeta è senza dubbio quello che più attira l'attenzione del grande pubblico, perché fa leva sulla nostra voglia di scoprire e al contempo la paura di essere soli in questo enorme spazio chiamato Universo.

Purtroppo quello della vita extraterrestre è un campo minato cavalcato in lungo e in largo da personaggi dalla dubbia serietà che stravolgono a loro piacimento la realtà, facendoci credere spesso che gli alieni siano già qui sulla Terra da anni.

Con un approccio irrazionale, anti scientifico e anti democratico, un tema profondo e affascinante come la ricerca di forme di vita extraterrestri è stato sminuito, ridicolizzato e banalizzato da centinaia di storie non vere.

Nel marasma generale, nello strepitio di trasmissioni tv insensate e nell'ignoranza (spesso voluta) dei mass media, ci sono gruppi di astronomi e biologi che lavorano in silenzio e con metodo alla ricerca della verità, cercando forme di vita extraterrestri là dove si dovrebbero trovare con maggiore probabilità: nello spazio.

Smonteremo presto, in poche pagine, questi veri e propri miti pagani riguardanti gli UFO, poi ci proietteremo nelle profondità della vita, e una volta capito più o meno come funziona andremo a cercarla, cominciando dal Sistema Solare. Poi, in un sussulto di presunzione proveremo a scovare esseri intelligenti con la voglia di comunicare in qualche modo con noi e infine torneremo con i piedi per terra cercando indizi nei migliaia di pianeti extrasolari che conosciamo.

Abbiamo trovato dei batteri su Marte? Siamo riusciti ad ascoltare trasmissioni radio di civiltà extraterrestri evolute? Abbiamo scoperto pianeti simili alla Terra? Ci stiamo provando seriamente da più di mezzo secolo e forse siamo più vicini alla soluzione di quanto si possa immaginare.

La speranza è che questo libro diventi obsoleto il prima possibile, perché significherebbe aver trovato senza più alcun dubbio la risposta alla domanda più antica e importante della nostra storia: siamo soli nell'Universo?

Daniele Gasparri
Maggio 2013

Indice

Introduzione 1
  Chi siamo e da dove veniamo? 6
  Misteri veri e misteri presunti 14
  I presunti enigmi di Marte 18

Che cos'è la vita? 24
  Molecole organiche, amminoacidi, proteine: i mattoni
  della vita 30
  Il formidabile ruolo del DNA 34
  Gli ingredienti della vita sulla Terra 39
  I tempi e l'evoluzione 42
  L'origine degli ingredienti della vita 45
  Vita: eccezione o regola? 49
  La vita solo sul carbonio? 52
  Come e cosa cercare al di fuori dalla Terra 54
  Ci potrebbero essere altri mondi abitabili? 59

Vita (elementare) nel Sistema Solare 63
  La vita è possibile su Marte? 65
    Acqua nel presente di Marte? 66
    Acqua nel passato di Marte? 72
    Cosa è successo a Marte? 74
  C'è vita ora su Marte? 79
    Gli esperimenti delle sonde Viking 81
    E se fossimo stati noi? 86
    E se fosse stato Marte? 90
  Le meteoriti marziane: tracce di vita passata? 93
    Insomma, c'è o c'è stata vita su Marte? 96
  Vita primitiva altrove nel Sistema Solare? 98
    Negli oceani di Europa? 99
    Nei mari di metano di Titano? 103
    Spedita nello spazio dai geyser di Encelado? 108

Nell'inferno venusiano?.. 110
Vita (elementare) nel futuro del Sistema Solare? **113**
Vita nel Sistema Solare: un'unica origine? **115**

Spiare gli alieni: la ricerca di vita intelligente.. 118
Come cercare comunicazioni di vita intelligente?...... **120**
Quante civiltà intelligenti ci sono nell'Universo? **123**
La Terra: pianeta raro o no? **125**
Ascoltare ET **133**
Un'idea lunga più di un secolo 136
Far rumore **141**
40 anni di SETI: cosa abbiamo trovato? **149**
Il segnale wow!: il primo messaggio di origine
extraterrestre?.. 149
La strana sorgente radio SHGb02+14a 155
Tutto qui? 156
Dove sono tutti quanti? **159**

Sbirciare tra i pianeti extrasolari....................... 165
Come si scoprono i pianeti extrasolari? **166**
Quanti pianeti ci sono? **171**
Dove e cosa cercare **175**
La fascia di abitabilità.. 177
L'indice di similarità terrestre...................................... 180
L'indice di abitabilità planetaria 182
Potrebbe ancora non bastare....................................... 184
Che cosa abbiamo trovato? **186**
I pianeti abitabili 190
Le candidate terre 198
Cercare la Terra sulla luna... 199
Come riconoscere la vita? **203**

Alcuni modi fantasiosi per cercare ET 208
Sonde automatiche a spasso per il Sistema Solare ...210
I gamma ray bursts **213**

La sfera di Dyson 214
Industrie extraterrestri 217
Cave cosmiche 217
Le nostre sensazioni 218

Bibliografia **223**
Biografia **225**
Ringraziamenti **227**

Introduzione

"Alla fine del XIX secolo nessuno avrebbe creduto che le cose della Terra fossero acutamente e attentamente osservate da intelligenze superiori a quelle degli uomini... "
Herbert George Wells, *La Guerra Dei Mondi.*

Inizia con queste parole uno dei racconti di fantascienza più conosciuti: "La guerra dei mondi", preannunciando con una misteriosa frase la disastrosa invasione da parte di esseri intelligenti, provenienti dal pianeta Marte, che avrebbero in poco tempo messo a serio rischio la vita degli arretrati umani, impotenti nel difendere la loro stessa esistenza su questo pianeta azzurro che credevano proprio.
Le osservazioni telescopiche sempre più profonde e dettagliate, la consapevolezza che questo pianeta, così sterminato per noi, era in realtà un punto sempre più indistinto in un immenso oceano di stelle e vuoto cosmico, misero l'uomo di fronte alla realtà nuda e cruda dell'ignoto, della non conoscenza di quello che succedeva sopra le loro teste.
Celati dietro mille culti religiosi e l'incapacità di indagare oggettivamente con strumenti sufficientemente tecnologici, la paura e allo stesso tempo il desiderio di conoscere erano stati abilmente imbrigliati dalla potenza della mente e della coscienza collettiva.
Ma poi, l'uomo ha dovuto iniziare a fare i conti con la realtà che a un certo punto è diventata così invadente da non poter più essere nascosta con improbabili storie mitologiche.
Sentendosi così terribilmente solo, non ha più potuto porre freno alla micidiale curiosità che ha caratterizzato la sua straordinaria evoluzione e che dopo centinaia di anni di intorpidimento riesplose fragorosamente.
Se quei punti luminosi sono stelle, proprio come il Sole; se quei dischetti al telescopio sono pianeti come la Terra, è possibile che ci sia qualcun altro lassù, tra le illimitate lande cosmiche?

1

Senza andar troppo lontano con la mente e gli strumenti, cosa dire di quel pianeta così apparentemente simile al nostro, chiamato Marte dagli antichi greci?

Galileo Galilei per primo nel 1610 lo ha puntato con il suo minuscolo e pessimo telescopio, riuscendo a notare nient'altro se non un piccolo dischetto rossastro. Poco, forse nulla per noi cittadini del ventunesimo secolo, ma molto per quella neonata scienza moderna. Quel punto luminoso, visto senza dimensioni da miliardi di esseri umani in tutta la storia della Terra, per la prima volta, proprio all'astronomo pisano, si rivelava per la sua natura: un altro mondo.

Con l'avanzare dei telescopi Marte catalizzò tutto o quasi l'interesse della neonata comunità astronomica e in breve tempo anche quello del grande pubblico.

Astronomi importanti del calibro di Schiaparelli e Percival Lowell erano convinti di scorgere giganteschi canali di irrigazione, immense foreste e grandi città in apparenza estremamente più avanzate delle nostre.

Il mito marziano esplose in tutta la sua irrazionalità, trasportando con sé il desiderio dell'uomo nascosto per migliaia di anni: quello di trovare qualche altra forma di vita al di fuori di questo pianeta.

Gli dei Egizi e dell'antica Grecia avevano cercato di appagare sogni e curiosità di centinaia di generazioni; le religioni monoteiste si erano sostituite nei secoli successivi, ma anche il più grande credente del mondo ha bisogno di una speranza un po' più solida di una promessa tramandata di generazione in generazione. È un qualcosa di istintivo, irrazionale, normale: per credere davvero abbiamo bisogno di vedere, sentire, osservare; è la natura umana.

E allora, quel punto ricco di chiaroscuri che tanto tempo fa fu chiamato Marte divenne la speranza di un popolo intero di non essere più solo nell'Universo. Speranza e paura allo stesso tempo, desiderio e incubo in un connubio che raramente è scisso.

Il romanzo di Herbert George Wells ebbe un successo planetario, facendo proprio leva su quelle sensazioni contrastanti
che per la prima volta nella storia potevano finalmente essere
spiegate con logica, razionalità e strumenti oggettivi.
La rappresentazione radiofonica del giovane Orson Welles
dell'invasione dei marziani scatenò ondate di panico in tutto il
territorio degli Stati Uniti e fece conoscere a tutti il mito dei
marziani, i nostri vicini di casa avanzati e più agguerriti che
mai.
Nulla di questo naturalmente accadde, ma molti astronomi del
tempo erano pronti a scommettere che qualche forma di vita
sul pianeta rosso potesse esserci.
Quando la sonda Mariner 4 inviò per la prima volta nel 1965 le
immagini ravvicinate della desolata superficie marziana, si ca-
pì all'improvviso che il sogno di Marte non era altro che
un'utopia di proporzioni planetarie che si basava semplicemente sul desiderio di trovare risposte rumorose alle nostre
insistenti domande.
Su Marte non c'era nulla, almeno in apparenza: nessun canale, niente foreste, nemmeno bacini d'acqua. Una temperatura
media di -68°C, un'atmosfera 100 volte più rarefatta della nostra e praticamente priva di ossigeno.
Grandi e numerosi crateri da impatto rivelavano un mondo che
non era cambiato da miliardi di anni; un pianeta che nessun
essere intelligente aveva quindi mai popolato.

Negli anni settanta i sovietici indirizzarono le loro attenzioni su
Venere, il misterioso gemello della Terra ad appena 40 milioni
di chilometri di distanza e con un'impenetrabile copertura nuvolosa.
La prima capsula destinata a scendere sulla superficie era dotata di dispositivi di galleggiamento in acqua; ma di bacini idrici
non se ne trovò nemmeno uno.
E d'altra parte, con 480°C all'ombra e al Sole, di giorno e di
notte, l'atmosfera di Venere è la più secca di tutto il Sistema
Solare.

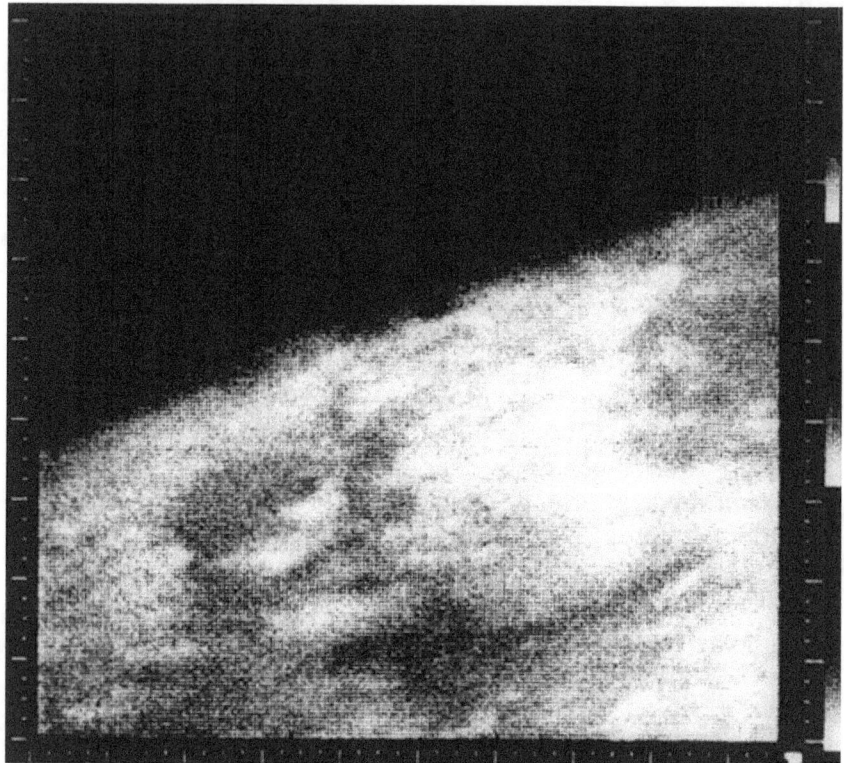

15 luglio 1965: Mariner 4 a 17.000 km da Marte trasmette la prima immagine della storia di un altro pianeta. Nessun segno di civiltà avanzate che tanto avevamo fatto sognare appassionati e astronomi.

Il gioco all'improvviso terminò: nel Sistema Solare non sembravano esserci tracce di vita intelligente al di fuori di noi e probabilmente non c'erano neanche le condizioni affinché primitive forme di vita si sviluppassero.
Il mito dei marziani si spense tra la comunità scientifica, ma per una specie di legge di azione e reazione crebbe a dismisura nella coscienza popolare. Cambiarono i termini e i destinatari: non più marziani ma genericamente UFO; non più i tripodi distruttivi de "La guerra dei mondi" ma silenziosi e velocissimi dischi volanti.

Scartato Marte, quindi, l'attenzione si concentrò direttamente sugli altri miliardi di stelle.

Per qualche motivo, esseri alieni provenienti da non si sa quale parte dell'Universo facevano visita a ignari e isolati cittadini del pianeta Terra per solcare il loro cielo, mangiare a volte il loro bestiame, rapire per qualche ora nella notte i loro familiari.

La divisione tra la scienza e la cultura popolare si allargò a dismisura, provocando una vera e propria frattura sia concettuale che ideologica.

Attualmente le distanze non potrebbero essere più grandi.

La scienza astronomica, definita "ufficiale" in senso dispregiativo, non considera, né ha mai considerato, i presunti avvistamenti e le numerose prove che i sostenitori degli UFO sembrano invece dare per assodate. Non si nega magari l'avvistamento insolito o fenomeni naturali ancora avvolti da mistero, piuttosto si rifiutano categoricamente le conclusioni di un metodo di indagine parziale, pregiudiziale e incompleto. Insomma, non si nega l'esistenza degli alieni a priori (anzi...lo vedremo meglio in seguito), piuttosto il fatto che il materiale a supporto possa fornire una prova della loro esistenza.

Dov'è la verità? Quali sono i fatti oggettivi, verificabili, trasparenti, ripetibili che il metodo scientifico e la logica vorrebbero essere punti imprescindibili di ogni modello che cerchi di spiegare la realtà?

La verità, con buona pace della nostra voglia di mistero, di emozioni forti, immediate, brutali e sconvolgenti, è che qui non ci sono alieni o dischi volanti provenienti da altre parti dell'Universo che solo i non astronomi riescono a vedere.

Di misteri e situazioni inspiegabili ce ne sono tante; di cose da dire in merito alla ricerca della vita, che forse potremmo pure aver trovato, tantissime, ma prima dobbiamo demolire come un castello di carte tutta la distorsione della realtà che i mass media ci propongono come una litania che ci priva della capacità di pensare in modo lucido, e ci allontana dalla cosa più potente che abbiamo a disposizione: la possibilità di ragionare con le nostre forze.

Chi siamo e da dove veniamo?

Terra, cinque lettere per indicare un nome dalle origini antichissime.

Nella lingua latina significava materia secca, arida, probabilmente derivato dal nome "tersa". Prima di loro gli antichi greci e prima ancora le grandi civiltà ormai considerate quasi mitologiche: Egizi, Sumeri, Assiri e Babilonesi, Fenici, fino agli albori della storia oltre 10 mila anni fa.

Sebbene non abbiamo testimonianze scritte, probabilmente questo termine è antico quanto l'avventura dell'uomo, quell'essere straordinario che a un certo punto della sua evoluzione ha preso coscienza di se stesso e dell'ambiente che lo circondava. Non era forte, non aveva sensi più sviluppati delle altre specie animali, ma era, ed è, intelligente. La sua mente si è elevata dal pelo dell'acqua che copriva e proteggeva come un mantello dalla coscienza dell'Universo presente al di sopra, e da quel momento la sua evoluzione ha proceduto inesorabile tra la voglia di scoprire e la paura di conoscere troppo.

Un dono, l'intelligenza.

Un dono che ci ha permesso di sopravvivere tra le insidie feroci del mondo animale, ma che poi, mano a mano che si è evoluta, ha generato forti contrapposizioni tra l'innato bisogno di conoscere e la voglia di tornare a sguazzare nel piccolo stagno coperto, nel quale tutto è calmo e perfettamente protetto dalle nostre più temibili paure.

Per milioni di anni la nostra storia è stata indissolubilmente legata a questa materia arida chiamata terra, una sterminata landa tutt'altro che desolata, fortunatamente, che sapientemente ci ha messo a disposizione un'infinità di possibilità.

Attraverso le scelte operate dalla mente siamo riusciti ad assecondare il nostro istinto di sopravvivenza e vivere meglio e più a lungo possibile.

Ma la mente dell'uomo è capace di viaggi ben più complessi di quanto lui stesso sia in grado di immaginare. Presto, molto presto, sopravvivere non era più l'unica battaglia che quell'essere voleva affrontare, sebbene restasse naturalmente prioritaria.

Con la nascita della scrittura sono giunte sino a noi testimonianze antichissime della potenza della mente umana, capace di porsi domande su domande e cercare delle risposte, su qualsiasi tema del creato.

Per migliaia di anni l'uomo ha usato la mente per placare la sete di conoscenza e soprattutto la paura dell'ignoto, ma pochi sono stati i passi compiuti verso la ricerca della verità, verso la reale conoscenza del mondo e di tutto quello che lo circonda, come le migliaia di piccole lampadine che ogni notte magicamente si accendono nel cielo.

Fino al termine del medioevo le conoscenze scientifiche erano sostanzialmente ferme a quello che gli antichi greci, migliaia di anni prima, avevano incredibilmente raggiunto senza strumenti né tecnologia.

Poi la rivoluzione.

Di colpo il genere umano, a partire dal diciassettesimo secolo, ha conosciuto una crescita intellettuale e tecnologica spaventosa, di gran lunga maggiore di quella avuta in tutta la sua storia.

Difficile comprendere quale sia stata la svolta; perché solamente Newton sia arrivato a formulare la legge di gravitazione universale e non gli antichi greci, o perché Keplero, e nessuno prima di lui, svelò le leggi che regolavano il moto dei pianeti attorno al Sole.

Più semplice, invece, comprendere le scoperte di Galileo, il padre dell'astronomia moderna.

Il suo cannocchiale permetteva infatti di osservare in dettaglio quello che l'occhio, per evidenti limiti, non era mai riuscito a fare.

Quei piccoli e indistinti punti luminosi chiamati pianeti sin dalle antiche popolazioni, apparvero di colpo altri mondi simili al nostro.

La terra, sinonimo di suolo arido e secco, improvvisamente divenne il pianeta Terra, nient'altro che uno dei tanti mondi che quel semplice cannocchiale permetteva di ammirare.
Inaspettatamente, e di certo involontariamente, quel termine acquisì un significato completamente diverso. Non eravamo più soli nell'Universo; il nostro mondo, questa sterminata distesa di suolo a volte arido, altre prospero, non era che una piccola sfera persa in un mare nero costellato di tanto in tanto di altri mondi, alcuni con montagne e strani buchi, come la Luna, altri con anelli come Saturno.

L'evoluzione dei telescopi e delle tecniche di indagine permise di scoprire che quei piccoli punti luminosi chiamati stelle non erano delle fiammelle appese su un gigantesco soffitto disegnato da Dio, ma degli astri dalle dimensioni inimmaginabili del tutto simili al Sole, la stella a noi più vicina.
In questo spazio smisurato, ormai esteso per diversi migliaia di miliardi di chilometri, il pianeta abitato dagli uomini si fece improvvisamente piccolo, così piccolo da risultare difficile, se non impossibile, da immaginare.
L'uomo, l'essere superiore più intelligente delle altre specie viventi, capace di adattarsi ai cambiamenti e alle impervie, di costruire imponenti opere, di sfidare le insidie della natura e a volte controllarne gli effetti e le distruzioni, era caduto vittima della sua stessa intelligenza e si era perso, forse sconsolato, tra le grandi distese vuote dello spazio, cosciente per la prima volta della sua insignificanza al cospetto dell'Universo.

Ma la grandezza, la complessità e la spettacolarità dell'Universo che lentamente, dopo millenni di miti e leggende, si era cominciato a scoprire, era ancora ben poca cosa rispetto a quello che riuscì a dimostrare il grande astronomo Edwin Hubble negli anni venti del 900.
Nei lustri precedenti le osservazioni telescopiche avevano catalogato migliaia di strani oggetti nebulosi, apparentemente privi di stelle.

Cosa potevano essere?

Nubi di gas all'interno della nostra isola di stelle, oppure altre gigantesche oasi contenenti miliardi di astri, proprio come quella galassia chiamata Via Lattea che si pensava essere tutto l'Universo?

Quando Hubble scoprì nella nebulosa di Andromeda alcune stelle variabili, e riuscì a ricavarne la distanza, il genere umano si fece ancora e sorprendentemente più piccolo. Di certo una sorpresa ricca di domande e inquietudine.

I migliaia di anni luce stimati per il diametro della Via Lattea, migliaia di migliaia di miliardi dei nostri chilometri, di colpo divennero milioni di anni luce, poi miliardi.

Impossibile immaginare una dimensione del genere, si rischia di perdere la ragione anche solo pensandoci.

Attualmente sappiamo che nell'Universo osservabile, forse una piccola parte della sua estensione reale, esistono circa 300 miliardi di galassie, ognuna contenente in media 100 miliardi di stelle e forse anche più pianeti.

Il nostro mondo, le nostre storie, le nostre credenze, miti e leggende che si intrecciano indissolubilmente con il lato spirituale, che inevitabilmente cerca di porre rimedio alla sperduta desolazione di questo immenso spazio, non sono l'Universo, non ne sono neanche il centro, e probabilmente non rappresentano neanche le uniche voci di un luogo sconfinato in cui prevale il silenzio. Il silenzio di un Cosmo che ci vede alla stregua di batteri in un mondo popolato da immensi dinosauri.

Dunque, chi siamo? Da dove veniamo?

Poco dopo la formazione del Sistema Solare la Terra era molto diversa dall'ambiente che conosciamo attualmente.

L'atmosfera era simile a quella di Titano, satellite di Saturno, con una consistente quantità di azoto e la totale assenza di ossigeno, fuggito nello spazio o legatosi all'idrogeno per formare l'acqua.

Contrariamente a Venere e a Marte, che rappresentano gli antipodi dell'evoluzione planetaria, la fortuna iniziale della Terra è stata probabilmente quella di trovarsi alla giusta distanza dal Sole e di avere le dimensioni adatte.

La distanza dal Sole superiore a quella di Venere ha impedito lo sviluppo di un effetto serra così marcato e consentito alle rocce e all'acqua di catturare l'anidride carbonica presente in cospicue quantità nell'atmosfera primordiale. Le dimensioni maggiori di Marte hanno permesso di trattenere l'atmosfera.

Le prime forme di vita sono presumibilmente nate nelle calde acque di quel grande e unico oceano che veniva chiamato brodo primordiale.

La diffusione degli organismi fotosintetici ha lentamente cambiato l'atmosfera del pianeta, trasformando l'anidride carbonica in prezioso ossigeno e moderando nella giusta quantità l'effetto serra.

Dopo miliardi di anni di evoluzione, l'atmosfera della Terra si è scoperta profondamente cambiata e pronta a ospitare le prime forme di vita che utilizzavano l'ossigeno per i loro processi metabolici.

L'equilibrio che si è andato a creare tra la produzione di anidride carbonica e di ossigeno ha permesso alle specie vegetali e animali di continuare a sopravvivere in armonia.

Senza il prezioso contributo di entrambi, l'atmosfera non avrebbe mai raggiunto un punto di equilibrio stabile. Mancando l'apporto della vita vegetale tutto l'ossigeno creatosi si sarebbe di nuovo trasformato in anidride carbonica, facendo estinguere le specie che lo utilizzavano in favore di un nuovo sviluppo delle forme di vita anaerobiche. Probabilmente la vita non si sarebbe mai estinta, ma l'evoluzione delle specie non sarebbe potuta procedere.

Fortunatamente le cose non hanno seguito questo poco piacevole ciclo, ma si sono stabilizzate trovando un equilibrio di miliardi di anni, sufficientemente lungo da consentire l'evoluzione di specie sempre più complesse e intelligenti.

Questa analisi non è naturalmente completa, né vuole esserlo, poiché tutte le variabili in gioco non sono chiare neanche a noi addetti ai lavori.

Quello che ci appare evidente è un incastro così perfetto che alcuni potrebbero vederci una mano divina. Io preferisco invece utilizzare una spiegazione logica, almeno fino a quando questa potente arma può essere impiegata per caratterizzare la storia e le scelte dell'Universo.

Perché proprio la Terra?

Perché siamo qui a discutere delle nostre origini e delle meraviglie del cosmo?

Noi siamo il risultato cosciente di una delle infinite combinazioni provate dall'Universo. Se ci sembra tutto così unico e straordinariamente perfetto, è semplicemente perché non potrebbe essere altrimenti, poiché questa è l'unica combinazione che ci ha dato la possibilità di esistere per porci delle domande.

Vincere al superenalotto è un'impresa molto difficile.

Ci sono circa 622 milioni di combinazioni possibili e solamente una è quella esatta. Se giocassimo una schedina, la probabilità che i sei numeri estratti combacino con i nostri sarebbe quasi nulla, con il rischio molto alto di non vincere neanche tentando per 100 anni.

Se invece 622 milioni di persone si accordassero per giocare ognuno una combinazione differente allora sicuramente una persona, in qualche parte del mondo, avrà indovinato la sestina vincente di quella specifica estrazione.

Quella persona sicuramente si chiederà perché proprio a lei è capitato un evento così improbabile, al limite dell'impossibile.

Il ragionamento razionale ci dice che doveva per forza capitare, perché tutte le possibili combinazioni erano state tentate.

L'analisi logica suggerisce che qualsiasi persona vincitrice si sarebbe posta esattamente le stesse domande.

È normale sentirsi fortunati a essere il risultato di questa combinazione vincente, proprio come il vincitore della lotteria. Ed esattamente come in quel caso prima o poi a qualcuno doveva pur succedere!

Il problema è, piuttosto, un altro.

Nelle estrazioni del superenalotto siamo coscienti del fatto di non aver vinto e magari un po' delusi; nel caso della lotteria che crea la vita senziente, invece, solamente la combinazione vincente crea esseri in grado di porsi queste domande.
I "perdenti" non hanno la possibilità di rendersene conto, perché semplicemente non esistono.

Questo ragionamento ci porta anche a un'altra deduzione logica. Il fatto che almeno sulla Terra esista vita intelligente è di un'importanza fondamentale: significa che questo evento nell'Universo non è impossibile. Se si è verificato una volta, pur con tutte le numerose variabili richieste, potrebbe verificarsi benissimo altre volte.
L'Universo ha spazio e tempo in abbondanza per provare ad indovinare la sestina vincente più di una volta; anzi, probabilmente il numero di combinazioni giocate è di gran lunga superiore a quelle possibili, cioè al numero totale di pianeti.
Non sappiamo quanto valga il rapporto tra il numero delle combinazioni giocate e quelle possibili, altrimenti avremmo un'idea abbastanza chiara del numero di pianeti abitati nell'Universo.
Sarebbe però presuntuoso considerarsi gli unici vincitori della lotteria che ci ha regalato la vita.
Quindi, in conclusione, cosa siamo?

Siamo abitanti dell'Universo proprio come tutti gli altri corpi celesti: stelle, galassie, nebulose, pianeti, ma probabilmente gli ultimi di questa gerarchia cosmica.
Le nostre esistenze non sono infatti legate direttamente all'Universo, come per le altre strutture, ma ai pianeti che ci ospitano.
Siamo sostanzialmente dei parassiti che hanno approfittato dell'ospitalità di un padrone di casa chiamato Terra. Siamo piccoli, fragili, ancorati sulla superficie di questo pianeta dal quale è maledettamente difficile e spaventoso scappare per osservare cosa ci sia là fuori.

Le nostre vite sono simili a quelle di un fiore che su un campo sboccia solamente per qualche ora prima di appassire; nient'altro che una fluttuazione, un saluto cosciente che miliardi di miliardi di miliardi di atomi si regalano prima di ricominciare a vagare, indipendenti e inconsapevoli, per l'infinità del Cosmo.
Siamo materia originatasi dal cuore delle stelle che per una serie fortunata(?) di situazioni si è aggregata e ha preso coscienza dell'ambiente che le ha dato la vita. Siamo una parte di Universo che evolvendo è riuscito a prendere coscienza di se stesso e della straordinaria opera che sta continuando a mantenere da miliardi di anni.
Siamo aggregati di atomi con la capacità di guardare nell'infinità dello spazio e porsi domande su tutti gli altri atomi che hanno generato le grandi strutture dell'Universo. Siamo il particolare valore di una semplice variabile delle leggi fisiche che governano questo Universo.
Siamo nelle parole del grande astrofisico e autore Carl Sagan, che nel libro "Cosmos" da una definizione perfetta:
"Noi siamo l'incarnazione locale di un Cosmo cresciuto fino all'autocoscienza. Abbiamo incominciato a comprendere la nostra origine: siamo materia stellare che medita sulle stelle."
E forse non siamo soli.
Perché il Cosmo avrebbe dovuto limitarsi a 7 miliardi di individui su un piccolo pianeta, invisibile già a qualche miliardo di chilometri di distanza, niente in rapporto ai miliardi di anni luce dello spazio?
È la nostra stessa intelligenza a dirci quello che molti astronomi in tempi non sospetti bisbigliavano sottovoce per paura di essere giudicati negativamente: se fossimo soli sarebbe davvero un incredibile spreco di spazio.

Misteri veri e misteri presunti

"E quando queste affermazioni sono straordinarie tanto da essere rivoluzionarie nelle implicazioni che hanno rispetto alle attuali leggi scientifiche generali e verificate, dobbiamo richiedere prove straordinarie." Carl Sagan.

Per fare affermazioni straordinarie sono richieste prove altrettanto straordinarie, e mi permetto di aggiungere che se esistono, queste prove prima o poi le troveremo, senza sé e senza ma.

La realtà che osserviamo, che fotografiamo, che vediamo magari con un'occhiata sfuggente o attraverso un telescopio, è solo un'approssimazione del mondo, che si fa sempre più vicina e veritiera mano a mano che indaghiamo con maggiore pazienza, voglia, metodo, razionalità.

Non esistono molte verità quando si cerca di spiegare tutte le cose dell'Universo; queste restano multiple solo fin quando non si sono osservate abbastanza facce, magari provando a cambiare punto di vista. Mano a mano che gli indizi si trasformano in prove, le nostre interpretazioni multiple convergono inesorabilmente a una sola verità, che non è di certo la nostra ma quella che l'Universo ha deciso, miliardi di anni fa, senza interpellare una specie per lui più invisibile di un atomo per i nostri occhi.

Quando cerchiamo di studiare e far luce su grandi temi, come quello dell'esistenza di altre forme di vita, il quadro generale è così complicato che qualsiasi conclusione potrebbe venir criticata infinite volte. In questi casi la prudenza è obbligatoria e lasciarsi andare a sentimenti ed emozioni che inevitabilmente cercano di condizionare le nostre analisi è un errore che non possiamo permetterci.

Prima di comprendere quali siano gli ingredienti per la vita, come pensiamo si possa sviluppare nell'Universo e magari scoprire se ci sono altri esseri viventi su qualche altro pianeta, è doveroso soffermarci velocemente su alcuni presunti misteri che a volte sfociano in teorie dalla dubbia verosimiglianza con la realtà.

Il riferimento agli UFO è fin troppo palese: oggetti volanti non identificati ormai associati a presunte astronavi aliene con a bordo esseri provenienti da pianeti ancora sconosciuti.

Questo tipo di disinformazione, perché di questo si tratta, è stata cavalcata in modo eticamente discutibile dai mass media, impegnati nella dura battaglia contro la crisi economica e in cerca di facili lettori/telespettatori.

La prima cosa che dobbiamo imparare dai mass media generalisti, quindi, è che la verità di solito viene in secondo o terzo piano, soprattutto se si tratta di vicende legate all'astronomia.

Al primo posto di qualsiasi agenzia di comunicazione di massa c'è la necessità impellente di creare profitto. Questo si verifica di solito nel modo più semplice: inventarsi una notizia psicologicamente allettante, sviluppare una storia verosimile condita di frasi a effetto e un montaggio da professionisti per tenere incollati e condizionare milioni di telespettatori o lettori.

E di esempi di questo tipo ce ne sono fin troppi nel panorama italiano. Per non far torto a nessuno, soprattutto a me che rischierei una denuncia, evito di fare nomi che tutti potremmo comunque immaginarci.

Non sempre però le notizie a tema astronomico sono dettate dalla malafede e dalla voglia di soldi facili. Spesso, quando non ci sono evidenti fini di lucro, a farla da padrone è l'ignoranza.

Il termine, nell'accezione di ignorare una cosa, non sarebbe di per sé un fatto grave: nessuno sa tutto, sarebbe impossibile essere esperti in ogni campo dello scibile umano. Io non mi sognerei mai di confutare Freud senza sapere qualcosa di psichiatria!

Se quindi si prendesse atto di non sapere, si eviterebbe la pubblicazione di molte notizie false; basterebbe a volte documentarsi un po' per scoprire come stanno realmente le cose.

15

Purtroppo questo non succede mai e spesso, soprattutto nei quotidiani, compaiono notizie astronomiche a dir poco bizzarre.

Noi utenti e lettori, però, non sempre abbiamo gli strumenti per comprendere quando un fatto è vero, verosimile o totalmente inventato, e d'altra parte non sarebbe neanche compito nostro, in un mondo ideale, dubitare di una notizia che è stata divulgata da importanti organi di informazione che dovrebbero essere sinonimo di affidabilità.

Purtroppo non viviamo in un mondo ideale, quindi dobbiamo per forza di cose accettare una dura regola: chi ha il compito di informare, non è detto che lo faccia nel modo giusto. Non importa per quale motivazione, alla fine questo è un gioco che non ci interessa per scoprire la verità. Il segreto per smascherarlo è trasformarci da utenti passivi a spettatori attivi, pensando, e informandoci in modo più approfondito.

Il fenomeno degli UFO e degli alieni che secondo alcune trasmissioni televisive rappresenterebbe un grande mistero contemporaneo, mentre per altre è addirittura un fatto assodato e conclamato, è l'esempio per eccellenza di come il tessuto informativo generalista fallisca enormemente nel compito originario che i padri fondatori si sono prefissati: divulgare la realtà, rendere informato il cittadino nel modo corretto.

Il continuo martellare di trasmissioni televisive su questi temi, che toccano in modo vivo l'innata curiosità verso l'ignoto e il mistero dell'essere umano, ha ormai ottenuto un risultato scontato: nel mio peregrinare per le piazze di paesi per divulgare l'astronomia ci sono sempre molte persone fermamente convinte che gli alieni siano tra di noi, che svolazzino con i loro silenziosi e oscuri dischi volanti e qualche volta si divertano a rapire inconsci contadini o a disegnare nei loro campi perfetti cerchi (ma solo nel grano, chissà perché?).

Ci sarebbe forse un'altra regola da mettere in evidenza, qualcosa che ci serve in ogni ambito della vita, compresa, in piccolo, la comprensione di questo libro: mai lasciare che i nostri desideri o paure recondite influenzino la percezione della realtà.

Una piccola variante può essere la seguente: mai innamorarsi di una teoria, piuttosto mantenere sempre lucidità e umiltà per un'analisi oggettiva che prima o poi ci porterà senza condizionamenti alla realtà.

Si può essere ignoranti quanto vogliamo, questa non è una colpa (e spero non lo sia mai!) né un limite, almeno per la comprensione dell'argomento del libro. Anzi, ho notato che non conoscere affatto l'argomento e non essere quindi stati influenzati da strane idee, predispone a una certa elasticità mentale e aiuta a farci comprendere in modo migliore un tema complesso come quello della vita nell'Universo.

I presunti enigmi di Marte

Come abbiamo avuto modo di accennare nell'introduzione, Marte è stato l'unico pianeta al di fuori dalla Terra che ha attirato in modo spettacolare l'attenzione degli astronomi prima e del grande pubblico poi, in un mito che nella cultura popolare non si è ancora esaurito.

Se le immagini, alcune davvero emozionanti, inviate praticamente in tempo reale sin dalle prime sonde non hanno fatto che confermare l'assenza totale di qualsiasi civiltà avanzata nel passato e tanto meno nel presente, una ristretta comunità di appassionati sostiene invece che alcune mostrino effettivamente dettagli stranamente familiari, risultato sicuro di un'antica civiltà evoluta.

Alcune immagini restano storiche, come la famosa faccia, ripresa da una delle due sonde Viking in orbita attorno al pianeta rosso a partire dal 1976.

Quando questa immagine giunse per la prima volta sui monitor dei vecchi schermi televisivi della sala di controllo della NASA, la reazione istintiva dei controllori di missione fu di sorpresa. Uno stupore irrazionale, immediato, dettato da un'associazione molto semplice e istantanea frutto delle potenzialità della nostra mente.

Bastarono pochi secondi per comprendere che quella che sembrava una scultura gigantesca, dal viso stranamente somigliante a un essere umano, era con tutta probabilità il risultato di uno strano gioco di luci. E d'altra parte, come potrebbe essere possibile che una civiltà aliena, che sicuramente sarà molto diversa da noi esseri umani, possa aver scolpito una collina di oltre 20 km a immagine e somiglianza di un essere di una civiltà distante nello spazio 100 milioni di chilometri e miliardi di anni nel futuro?

E cosa dire di quella che in tempi molto più recenti è stata soprannominata la testa di Ghandi? O la presunta sagoma aliena che un rover avrebbe immortalato a pochi metri dal suo obiettivo?

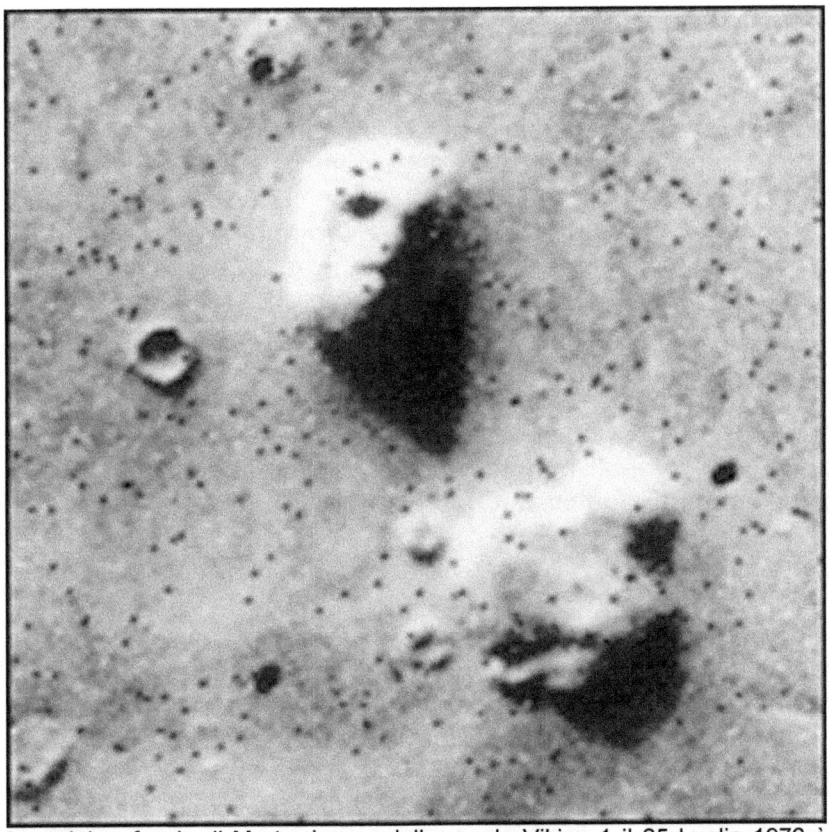

La celebre faccia di Marte ripresa dalla sonda Viking 1 il 25 Luglio 1976 è uno dei presunti enigmi marziani più duri a morire. Ma se fossero esistiti alieni sul pianeta rosso sarebbero stati di aspetto ben diverso rispetto al volto che il nostro cervello crede di vedere.

La risposta logica è stata già data. Si potrebbe però aggiungere qualcosa in più: se cerchiamo esseri alieni intelligenti, non sarebbe più proficuo essere attratti da particolari che non c'entrano nulla con la nostra civiltà? Guardare il tutto da un punto di vista così fortemente antropocentrico è l'errore più grande che si potrebbe commettere e rischierebbe anche di farci perdere i dettagli veramente interessanti.

Tutte le menti umane fanno delle associazioni immediate che potrebbero non avere una base reale. È un processo insito nella nostra natura, probabilmente frutto di millenni di evoluzione. È lo stesso principio che ci fa riconoscere forme familiari nelle nuvole (ma nessuno pensa che si tratti di esseri alieni!), nei sassi, nella sabbia....ovunque. È un istinto che non possiamo evitare sul momento, ma che non dovrebbe poi trascinarci in conclusioni estremamente avventate. Pochi secondi e la razionalità e la logica dovrebbero prendere di nuovo il sopravvento per guidarci in un'analisi di buon senso.
Nonostante fosse palese che queste formazioni marziane fossero semplici giochi di luci enfatizzati dal modo di lavorare del cervello umano, gli scienziati della NASA hanno spesso effettuato ulteriori analisi, proprio per non commettere l'errore contrario: ignorare qualcosa a priori per un preconcetto.

La famosa faccia di Marte è stato il dettaglio meglio studiato nel corso degli anni.
Riprese condotte dalle sonde di nuova generazione, con differenti illuminazioni solari e una risoluzione nettamente maggiore, hanno evidenziato quello che tutti sospettavano: la faccia è in realtà costituita da tre colline la cui composizione e costruzione non hanno nulla di artificiale.
Stesso discorso per la testa di Ghandi, che è risultata essere una normale depressione nel terreno.
Nel corso del tempo alcuni appassionati si sono convinti di aver visto di tutto: da colline che sembrano piramidi a vere e proprie città fantasma, a statue, conigli, alberi, manufatti.
La verità è che non è stato trovato niente di questo tipo e non c'è nessun elemento che faccia pensare ad antichi reperti di una civiltà avanzata sul pianeta rosso. È la scienza a dirlo: noi siamo solo messaggeri della realtà, per quanto crudele possa essere.
Si potrebbe obiettare che i segni lasciati da eventuali esseri intelligenti siano stati ormai cancellati, proprio come sulla Terra le rovine di antiche popolazioni vengono disgregate in po-

che migliaia di anni. Ma Marte è molto diverso rispetto al nostro pianeta. La sua atmosfera è estremamente tenue e sulla superficie sono evidenti segni antichissimi dell'impatto di meteoriti risalenti ad alcuni miliardi di anni fa.

Non esistono (più) fenomeni di erosione da parte di elementi come l'acqua e l'azione del vento è limitata dalla bassa densità atmosferica. Non ci sono vulcani attivi da miliardi di anni e neanche evidenti fenomeni di tettonica a zolle che trasformano e mangiano letteralmente pezzi di crosta superficiale come sul nostro pianeta.

Marte, insomma, non è cambiato molto da almeno 2 miliardi di anni a questa parte.

Se ci fosse stata una qualche civiltà avanzata avremmo trovato segni inequivocabili. Se ci fossero stati esseri viventi complessi dotati di scheletro avremmo trovato dei fossili. Conosciamo quasi tutta la superficie del pianeta rosso con una risoluzione inferiore a un metro, eppure non abbiamo mai trovato niente, neanche un indizio che possa accendere delle vane speranze.

Di misteri nell'astronomia ce ne sono ancora moltissimi, tra cui il principale è proprio la ricerca e l'esistenza di forme di vita extraterrestri.

Il problema è il metodo di indagine e soprattutto le conclusioni a cui alcuni sono giunti analizzando superficialmente il fenomeno UFO.

Le possibilità che gli alieni siano tra di noi e si divertano a comparire negli obiettivi delle fotocamere di persone di passaggio, e mai nei telescopi di astronomi e astrofili che monitorano continuamente il cielo, sono quasi nulle, sia per motivazioni puramente logiche, alcune delle quali appena citate, che per evidenti limiti della fisica, almeno quella che noi conosciamo. In parole ancora più chiare: se gli alieni fossero qui, noi ne avremmo le prove.

I viaggi interstellari sono estremamente difficili, oserei dire quasi impossibili, almeno per le nostre conoscenze. Potremmo non avere un quadro completo della fisica e dell'ingegneria, ma questo indizio si aggiunge alle considerazioni logiche appena fatte.

Appare quantomeno altamente improbabile che esseri alieni siano venuti negli ultimi 60 anni (tanto sono vecchi gli avvistamenti UFO "più convincenti") sin qui sulla Terra da altre stelle distanti almeno decine di anni luce, percorrendo distanze impossibili.

Al momento non sussiste alcuna prova della loro presenza: non una fotografia a fuoco, non un video, niente di niente, se non immagini amatoriali sempre sfocate e testimonianze dalla dubbia attendibilità o spiegabili in altri modi.

Se ammettiamo ipoteticamente la possibilità dei viaggi interstellari, è circa 50 milioni di volte più probabile che esseri intelligenti siano giunti sulla Terra in un momento qualsiasi del passato, quando noi ancora non li cercavamo e probabilmente neanche esistevamo, piuttosto che negli ultimi 100 anni di "paranoia" UFO. Se proprio vogliamo cercare gli alieni sulla Terra, è più sensato quindi guardare nella storia piuttosto che sperare di catturare un'astronave con la fotocamera dei nostri telefoni cellulari. E poiché ci sono pianeti ben più antichi della Terra, è probabile che se esistono o siano esistite civiltà in grado di viaggiare tra le stelle, queste abbiano già visitato il nostro pianeta molto, molto tempo fa. Quanto probabile? 50 milioni di volte più degli ultimi 100 anni, 500 milioni di volte più degli ultimi 10 anni, 5 miliardi di volte più dell'ultimo anno. C'è bisogno di continuare ancora?

Esistono in natura fenomeni ancora poco chiari, primo tra tutti le luci di Hessdalen.

In un paesino della Norvegia compaiono a intervalli regolari da anni degli strani globi di luce di diversi colori che sembrano muoversi liberamente nell'aria e poi scomparire all'improvviso. Nessuno ancora ha una spiegazione scientificamente valida, ma d'altra parte nessuno si è mai azzardato a suggerire che possa trattarsi di alieni. Per quale motivo? Perché volenti o nolenti, l'arrivo di esseri extraterrestri intelligenti qui sulla Terra, benché (forse) non impossibile a priori, è l'evento più improbabile che possa verificarsi. Sarebbe un po' come accorgersi di aver una scarpa slacciata e incolpare subito, istintivamente, una serie di mosche che tutte insieme si sono coalizzate per allentare le stringe. Per carità, è possibile in linea di principio, ma sono molto, molto più probabili altre spiegazioni, decisamente più semplici, che dovrebbero venirci in mente subito. Gli scienziati chiamano questo principio "rasoio di Occam": La spiegazione più semplice è generalmente anche la più probabile.

I fenomeni inspiegabili sono dunque reali; a essere sbagliati sono i modi in cui si conducono le indagini e soprattutto le conclusioni, evidentemente distorte da un pregiudizio insito nella nostra mente o dalla voglia di catturare telespettatori.

Il tema della vita extraterrestre, ora più attuale che mai, è studiato in modo serio e approfondito da un numero sempre crescente di astronomi, impegnati nel dare una risposta convincente alla domanda più antica del mondo, qualcosa che potrebbe cambiare in modo definitivo la concezione dell'Universo e della nostra stessa specie.

E ora che ci siamo liberati dai condizionamenti e pregiudizi, siamo in grado di intraprendere sereni e attivi il cammino tracciato da questo libro, a cominciare dalle origini.

Per cercare e trovare la vita dobbiamo capire come si presenta e quali siano le proprietà dal punto di vista prettamente fisico e chimico.

Solo in seguito potremo intraprendere il viaggio nell'Universo alla ricerca di qualcuno o qualcosa, anche un invisibile batterio, che ci faccia sentire meno soli.

Perché essere unici potrebbe risultare bello all'inizio, ma poi è un fardello che nessuno di noi vorrebbe portare troppo a lungo.

Che cos'è la vita?

La domanda con cui si apre questo capitolo è una delle più discusse, antiche e rincorse sin da quando l'essere umano primitivo ha preso coscienza di se stesso e del mondo che lo circondava.

Per millenni la risposta è stata lasciata in sospeso, affidata alla sfera delle divinità alla quale nessun essere umano, mortale e imperfetto, poteva avere accesso.

Non abbiamo naturalmente la presunzione di sostituirci a Dio, non lo faremo mai poiché non sappiamo rispondere, e forse non potremo mai farlo, a molte delle domande che iniziano con un "perché", quesiti che cercano i motivi primi per i quali la scienza diventa uno strumento inefficace.

Siamo però potenzialmente in grado di comprendere come funziona l'intero Universo e tutti i suoi abitanti.

Nel nostro caso specifico, questo significa avere finalmente la possibilità di comprendere cosa sia la vita, quali i principi fisici alla base, come può nascere, evolvere, svilupparsi da un minuscolo batterio fino a un complicato essere umano, riprodursi ed espandersi in tutto l'Universo, colonizzandolo alla stregua delle stelle nelle galassie.

Non si sa perché la vita nasce, perché noi siamo qui; per ora non ci interessa, concentrati come siamo nel cercare.

Esulando completamente dal punto di vista spirituale – questo spetta a ognuno di noi – la definizione migliore e più semplice di vita è forse quella che sin dalle scuole elementari ci hanno insegnato: un organismo, non necessariamente cosciente, che utilizza alcuni processi e specie chimiche per ottenere energia e riprodursi. Questo è quello che fanno anche i minuscoli batteri, organismi costituiti da una sola cellula, nient'altro che l'unità vivente più piccola che possa esistere autonomamente.

Sulla Terra la vita è presente ovunque, così evidente che a volte non ce ne accorgiamo neanche di quanto abbia ormai modificato a sua immagine questo pianeta.

Ma non di rado riconoscere la vita, anche per gli scienziati che la studiano, può non essere facile.

Se parliamo di forme di vita intelligenti, tutti sanno benissimo identificare un essere umano. Non ci sono difficoltà neanche per tutte le forme macroscopiche come animali e piante. Ma ci sono classi di organismi, a volte molto semplici, altre più complesse, per cui le cose cambiano molto. Tutto questo perché i processi vitali, detti anche processi biologici, possono manifestarsi in modi estremamente diversi e adattarsi a condizioni che noi esseri umani non potremmo mai e poi mai sopportare.

Non sono passati molti anni da quando si è scoperto che complesse specie marine vivono addirittura sul fondo delle fosse oceaniche. Sotto più di dieci chilometri d'acqua, al buio più completo e perenne, con una pressione di oltre mille atmosfere e una temperatura sempre vicina allo zero, nessuno credeva che ci fosse posto per la vita come pensavamo di conoscerla. Eppure siamo stati clamorosamente smentiti, identificando delle specie che hanno addirittura subito notevoli segni di evoluzione. Com'è possibile che le molecole e i processi vitali possano sopravvivere a un ambiente così ostile? Evidentemente avevamo sottovalutato la capacità degli organismi di procacciarsi energia e la loro voglia inconscia di sopravvivere a dispetto di tutto e tutti.

In effetti negli ultimi venti - trent'anni il nostro concetto di vita si è evoluto in un modo notevole e inaspettato, anche se è ancora lungi dall'essere compreso fino in fondo. Però, forse, abbiamo capito dal punto di vista chimico e fisico la nostra domanda iniziale.

Cos'è allora la vita?

Precedentemente abbiamo dato una definizione in base al comportamento che osserviamo in tutti gli esseri viventi, ma andando più in fondo, arrivando al nocciolo della questione, le cose si complicano.

Scopriremo tra breve che anche le forme di vita più semplici sono in realtà estremamente organizzate, costituite da una serie di apparati che si sono strutturati in perfetta sintonia per ricavare energia dall'ambiente circostante, adattandosi alle più disparate condizioni esterne.

Quasi inconsapevolmente abbiamo allora subito a disposizione un'altra definizione, che meglio ci fa comprendere la situazione: un organismo vivente è un'entità che ha organizzato la materia presente nell'ambiente nel quale si è sviluppato e cerca in ogni modo di mantenere quest'organizzazione per il maggior tempo possibile.

Sembra una definizione un po' più romantica e sicuramente a effetto, ma non è campata in aria.

Per apprezzarla fino in fondo dobbiamo considerare un principio della termodinamica che sembra valere per tutto l'Universo, e che prende in considerazione una parola strana (e forse odiata): entropia.

Seguendo le nozioni che probabilmente abbiamo almeno sentito di sfuggita alle scuole superiori, possiamo immaginare l'entropia come una misura del grado di disordine di un sistema qualsiasi. Il principio della termodinamica che la tira in ballo afferma che l'entropia di un sistema chiuso (come l'Universo) tende sempre ad aumentare con il passare del tempo. Questa frase, un po' oscura, è di fondamentale importanza per il funzionamento dell'Universo stesso, perché indica la strada che tutti i processi fisici devono seguire.

Nessuno ha mai visto comparire una tazza da caffè da un cumulo di creta ammassato alla rinfusa, e nessuno ha mai visto crearsi un'automobile da un agglomerato casuale di lamiere. "È impossibile!" Diremmo con voce sicura.

L'aumento dell'entropia convince la nostra esperienza che è impossibile che una montagna si trasformi in una piramide perfetta semplicemente a causa dello scorrere del tempo e della forza degli elementi naturali.

Ma a ben guardare, le implicazioni sono più profonde: qualsiasi struttura ordinata è destinata infatti con il tempo a perdere inesorabilmente quell'ordine.

In altre parole, con il passare del tempo il disordine di una struttura e dell'Universo intero tende inesorabilmente ad aumentare.

Questo concetto universale si applica anche per i processi biologici ed è sostanzialmente quello che rende inevitabile la morte.

Se c'è una cosa che abbiamo imparato dallo studio dell'Universo è che segue delle regole ben determinate in cui le eccezioni non sono contemplate.

L'aumento dell'entropia è una di queste regole, che però sembra valere più come una linea di tendenza su un lungo periodo temporale, fortunatamente.

Si, perché di strutture ordinate nel Cosmo ce ne sono eccome: le galassie, le stelle, i pianeti, la vita.

Gli esseri viventi, soprattutto gli organismi complessi come il nostro, sono la palese manifestazione che l'aumento dell'entropia si può sospendere o aggirare in qualche modo, sebbene solo per un limitato periodo di tempo.

E allora ecco una definizione ancora più spettacolare della vita: un istante di durata infinitesima rispetto ai tempi dell'Universo in cui, più o meno casualmente, della materia disordinata si è incontrata e ha deciso di organizzarsi per cercare di invertire l'aumento dell'entropia. Un ammasso casuale di particelle che ha compiuto la magia impossibile: costruire un organismo perfettamente ordinato, comporre un'automobile da un groviglio informe di lamiere. Una probabilità infinitesima che però si è realizzata. La vita è dunque la battaglia per eccellenza contro l'aumento dell'entropia dell'Universo.

Noi esseri viventi non siamo altro che una fluttuazione infinitesima dell'entropia di un sistema, un piccolissimo strappo alle ferree regole dell'Universo reso possibile dalla brevità di questa nostra organizzazione. Siamo reazioni chimiche organizzate che cercano di combattere l'entropia riproducendosi, prima di venir smembrate da questa inevitabile spada di Damocle cosmica.

Da chi o cosa è messa in atto questa organizzazione?

Da precise interazioni tra molecole e atomi; in parole più chiare dalla fisica.

Il perfetto ordine con cui il nostro corpo compie movimenti, li coordina quasi senza che ce ne accorgiamo, elabora pensieri, parole, sentimenti e si mantiene in vita per diversi decenni, è regolato a livello fondamentale dall'interazione di atomi e molecole. La vita, quindi, si basa nient'altro che sulla chimica (una branca della fisica), su delle specie che legandosi, scindendosi e reagendo in modo ordinato rispetto al rumore di fondo inanimato riescono a dare vita a un piccolo batterio o ai nostri sogni.

Tutti i processi biologici sono quindi regolati da legami chimici tra atomi, alcuni dei quali sembrano avere la naturale tendenza ad aggregarsi e formare strutture in grado di mettere un po' d'ordine nel caos totale del Cosmo.

Anche il sostentamento energetico deriva da particolari molecole che legate o spaccate dai processi biologici, quindi da altre specie chimiche, producono l'energia necessaria per alimentare il motore e combattere l'entropia.

Potremmo a questo punto fare un passo in avanti e giungere a una domanda alla quale nessuno ha ancora una risposta.

Se infatti è immaginabile capire che un organismo semplice, magari costituito da una sola cellula, si mantenga in vita solamente grazie a delle opportune reazioni chimiche, com'è possibile che una specie estremamente complessa ed evoluta come quella umana, capace di una coscienza, di pensieri, ragionamenti, sogni, sentimenti, sia regolata dagli stessi meccanismi?

Possibile che tutto quello che appartiene alla sfera interiore dell'uomo non è altro che opportune reazioni chimiche organizzate?

Questa in realtà non è la domanda senza risposta, anzi, solamente l'unica nostra certezza in questo campo. Ed è naturalmente affermativa: anche noi, per quanto complessi, siamo regolati da reazioni chimiche tra atomi e molecole. I nostri pensieri sono creati, elaborati e immagazzinati seguendo lo stesso principio, senza eccezione. Cos'altro potrebbe essere in un Universo comandato perfettamente dalle leggi della fisica? Ci crediamo davvero così speciali da pensare di funzionare in modo unico e diverso?

La domanda a cui non riusciamo a rispondere è, trascurando il solito "perché": qual è il confine tra un essere non cosciente, come un batterio, e uno cosciente? Com'è possibile che atomi e molecole diventino così organizzate da riuscire, tutte insieme, a rendersi conto della loro stessa esistenza e dell'ambiente che li circonda? Dove si trova questo confine a livello biologico? Non lo sappiamo e non lo sapremo forse per molto, molto tempo, ma abbiamo trovato una nuova definizione per la vita, seppur in questo caso limitata alla nostra specie umana: siamo un aggregato di atomi e molecole perfettamente organizzato e cosciente che ha deciso di sfidare per breve tempo la legge dell'entropia e combatte ogni giorno contro la voglia morbosa dell'Universo di riportare il disordine sull'ordine.

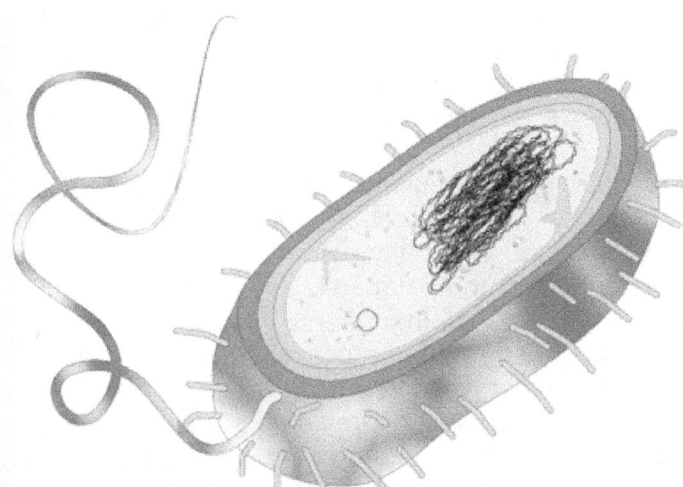

I procarioti sono gli esseri viventi unicellulari più semplici in assoluto, costituiti da un filamento di DNA nella zona centrale, una parete cellulare e semplici apparati formati da proteine e riempiti per oltre il 90% di acqua: sono i nostri più antichi antenati.

Molecole organiche, amminoacidi, proteine: i mattoni della vita

Riprendiamo l'analisi dal punto di vista prettamente chimico e fisico, chiedendoci: quali sono le molecole e i composti che possono dare origine alla vita? E poi, ci sono delle regole che le forme di vita seguono, o possono essere costruite e funzionare in ogni modo? Rispondere in dettaglio a queste domande ci aiuterà senz'altro nella difficile attività di ricerca fuori dal nostro pianeta.

Questo è il tipico approccio logico e scientifico a un argomento estremamente vasto e complesso, in merito al quale vogliamo fare un po' di luce. È un modo di procedere che in astronomia è quasi sempre obbligato, vista l'impossibilità di riprodurre in laboratorio i corpi, gli ambienti e i tempi da studiare.

Proprio con indagini simili abbiamo capito che tutti i corpi dell'Universo, e l'Universo stesso, seguono scrupolose regole; dalle stelle alle galassie, ai pianeti, fino all'evoluzione a grande scala.

È plausibile, quindi, che anche la nascita e lo sviluppo delle forme di vita segua degli schemi predefiniti ammessi dalle leggi della fisica, che poi possono produrre comunque un'enorme varietà di specie a seconda dei tempi e dell'ambiente in cui evolvono.

In questo caso, però, dobbiamo fare subito un'importantissima puntualizzazione che potrebbe venir letta anche come un'approssimazione. Le uniche forme di vita che possiamo studiare e conosciamo in dettaglio (più o meno) sono quelle terrestri. Gli ambienti, gli ingredienti, i luoghi, la storia evolutiva: tutto quello che riguarda i processi biologici è limitato a una parte del nostro pianeta.

Resta da capire se quello che troviamo su questo punto azzurro possa essere l'unico risultato ammissibile dalle leggi fisiche in tema di biologia, oppure se tra le combinazioni iniziali possibili, nell'ambiente terrestre siano state selezionate solamente quelle che meglio si adattavano.

In altre parole, quello che stiamo per dire sulle caratteristiche della vita potrebbe riguardare solo una frazione di tutti gli esseri viventi che può effettivamente svilupparsi nella vastità dell'Universo.

È forse riduttivo, ma non abbiamo altra scelta, perché caratterizzare qualcosa che non si conosce è una contraddizione in termini.

La materia che si occupa dello studio e caratterizzazione di forme di vita al di fuori della Terra si chiama astrobiologia o esobiologia.

In un campo così vasto è utile avere dei punti fermi da cui partire per la nostra ricerca.

Magari la vita nell'Universo non si sviluppa totalmente secondo i meccanismi e le molecole che stiamo per vedere, ma sappiamo per certo che questo modo è possibile perché si è verificato qui sulla Terra, quindi per principio ammissibile dalle leggi dell'Universo e di conseguenza replicabile a piacere anche infinite volte.

Tutte le forme di vita che esistono e sono esistite qui sulla Terra si basano sulle particolari proprietà chimiche di una specie atomica importantissima: il carbonio.

Quest'atomo, composto da sei protoni e altrettanti elettroni, ha una proprietà unica nell'Universo: ha tanta voglia di creare legami, componendo con facilità molecole estremamente lunghe e complesse.

La disponibilità del carbonio di creare legami e interagire chimicamente con altre molecole è ideale affinché gli elementi disorganizzati riescano a organizzarsi per formare strutture sempre più complesse e gerarchizzate, che alla fine riescono persino a replicarsi e a sfruttare fonti di energia per il proprio sostentamento. Queste sono proprio le funzioni basilari di un organismo vitale.

Per l'importanza che riveste questo elemento, tutti i composti che contengono almeno un atomo di carbonio sono detti molecole organiche, a eccezione di una famiglia chiamata ossidi

(e diossidi) e dei suoi derivati. Il monossido di carbonio, ad e-
sempio, e l'anidride carbonica (diossido) non sono molecole
organiche. Il metano, costituito da un atomo di carbonio centrale e quattro di idrogeno, è una delle molecole organiche per
eccellenza e tra le più semplici.
Tutte le forme di vita che conosciamo, anche in ambienti e-
stremamente diversi (ghiacci artici, fondali oceanici, sottosuolo...) sono a base di molecole organiche, quindi fondate sulla
chimica del carbonio.
La naturale propensione del carbonio nel formare lunghe catene di legami è stata la carta vincente per la nascita delle
prime molecole complesse, che possono essere considerate i
precursori della vita: gli amminoacidi e le proteine.
Gli amminoacidi sono molecole organiche che contengono anche ossigeno e azoto. In natura ne esistono solamente venti e
possono essere considerati alla stregua delle lettere
dell'alfabeto. Dalla loro combinazione si possono quindi ricavare un'infinità di "parole".
L'importanza degli amminoacidi risiede proprio nel fatto che in
certe condizioni possono raggrupparsi e formare serie lunghissime di macromolecole, spesso con geometrie complesse
e intricate: le proteine.
Le proteine sono i precursori della vita, i composti organici più
vicini all'essere vivente senza che però lo siano ancora. I loro
movimenti sono in effetti ancora casuali e involontari e non
hanno la possibilità di riprodursi senza un aiuto esterno.
Queste lunghissime sequenze di amminoacidi (anche più di
10.000) svolgono un ruolo chiave in tutti i processi biologici
che attualmente conosciamo: sono i messaggeri, gli esecutori
dei compiti che vengono assegnati da parte del centro di comando dell'organismo, nonché costituenti principali di tutti gli
apparati cellulari. Sono esempi di proteine l'emoglobina che
nei globuli rossi deve trasportare l'ossigeno e l'anidride carbonica da e verso tutte le cellule del corpo, o la cheratina, che
negli esseri umani e nei mammiferi è un costituente della pelle
e forma anche unghie, capelli e peli.

Senza proteine nessun organismo che conosciamo sarebbe in grado di sopravvivere, nemmeno di formarsi, neanche il più semplice.

Ma chi impartisce gli ordini alle proteine e regola il perfetto funzionamento di ogni apparato di un essere vivente? Un'altra molecola organica fondamentale.

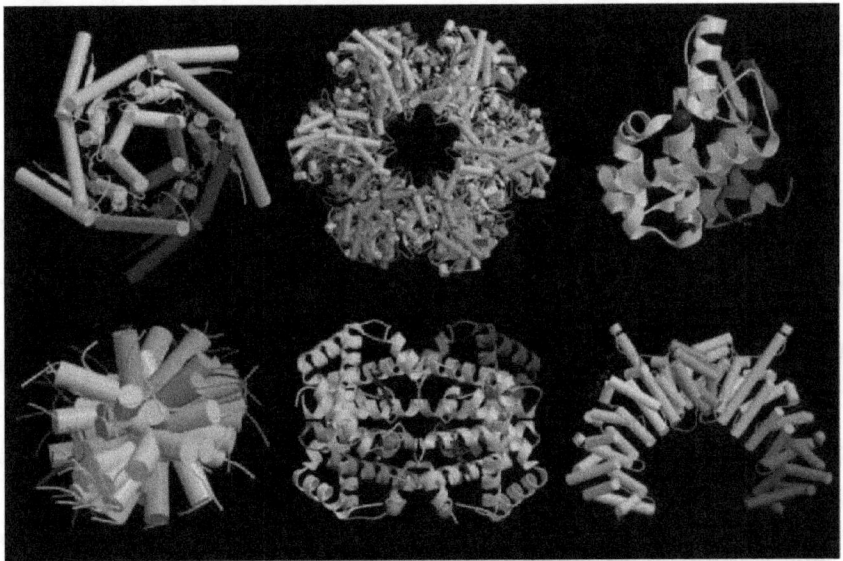

Modelli grafici di alcune proteine. La disponibilità degli atomi di carbonio nel formare lunghe e complicate sequenze di legami è alla base della nascita stessa della vita.

Il formidabile ruolo del DNA

Nascosto nella zona più protetta di tutti gli organismi, spesso in elementi a base di proteine detti cromosomi, risiede il centro di comando di tutte le strutture, qualcosa che regola le proprietà, l'evoluzione, le caratteristiche, i ruoli e i movimenti delle proteine e la coordinazione di tutti gli apparati per mantenere in vita l'organismo: il DNA, l'acido deossiribonucleico.

In un parallelismo informatico piuttosto calzante, anche se semplificato e incompleto, il DNA può essere considerato l'algoritmo che determina la sequenza perfetta con cui un essere vivente nasce, cresce e si riproduce, completando le reazioni chimiche necessarie attraverso i messaggeri, cioè le proteine, molte create dal DNA stesso.

Il DNA nella sua caratterizzazione chimica è una macromolecola di dimensioni non troppo dissimili alle proteine, dalla tipica forma di doppia elica.

Le proprietà e i gruppi molecolari che lo compongono sono però totalmente diversi. L'acido deossiribonucleico non è formato da una sequenza di amminoacidi ma da un gruppo fosfato e uno zucchero che creano la struttura portante, e da delle piccole protuberanze chiamate basi azotate che fanno da ponte tra le due eliche e attraverso dei legami a idrogeno tengono insieme l'intera struttura a doppia spirale.

Non è importante comprendere le proprietà dei singoli composti ma solamente che la loro struttura portante si forma, come era lecito aspettarsi, sul carbonio e le sue tendenze innate a formare legami.

Le basi azotate invece sono importanti e meritano un approfondimento. Sono solo quattro: adenina, guanina, citosina e timina e si possono accoppiare solamente due a due, in particolare adenina – timina e citosina – guanina. Sono delle associazioni semplicissime che però hanno il ruolo fondamentale di identificare quello che viene chiamato codice genetico, una sequenza unica per ogni specie biologica che ne caratterizza perfettamente le proprietà e il funzionamento, regolando la produzione delle proteine e il loro ruolo nell'organismo.

Lo zucchero (ribosio), il gruppo fosfato e una base azotata formano quello che viene chiamato nucleotide, nient'altro che la struttura completa più piccola di DNA.

Una semplice molecola di DNA è composta da una serie lunghissima di nucleotidi, di mattoni che si incastrano perfettamente l'uno sull'altro e si legano con l'altra sequenza parallela attraverso i ponti costruiti dalle basi azotate per merito dei legami a idrogeno. Il numero di nucleotidi può variare da poche migliaia degli organismi più semplici ai 3 miliardi del DNA di un essere umano.

L'aspetto straordinario di questo perfetto nastro da catena di montaggio chiamato DNA è il modo in cui i nucleotidi caratterizzano l'organismo attraverso la produzione di proteine. Ogni gruppo di tre nucleotidi, che differisce solamente in base alle quattro basi azotate agli estremi, contiene le istruzioni per formare un determinato amminoacido. Questi gruppi sono chiamati codoni. Un'opportuna sequenza di codoni produce quindi una lunga serie di determinati amminoacidi che compongono poi le proteine. In questo modo il DNA riesce a creare la struttura cellulare che lo protegge, gli apparati per l'immagazzinamento dell'energia (tutti a base proteica) le proteine messaggere che consentono di leggerlo e di farlo duplicare nel momento della riproduzione.

Come in una perfetta macchina, la lettura di ogni sequenza di tre codoni determina, a seconda delle basi azotate contenute, un fissato amminoacido.

Le combinazioni possibili sono 64, mentre gli amminoacidi solamente 20. Quello che può sembrare un "eccesso" di combinazioni è invece il segreto per una vita lunga. Diverse sequenze di triplette possono infatti generare lo stesso amminoacido. In questo modo la macchina si garantisce quella che viene chiamata in ambito informatico ridondanza, un modo cautelativo affinché isolati errori di trascrizione non compromettano il risultato finale. Alcune sequenze di basi, infine, sono adibite a dare il segnale di stop alla produzione di amminoacidi.

Possiamo immaginare questo nastro lunghissimo (negli esseri umani arriva a circa 1 metro!) in cui le triplette di basi azotate producono in serie gli amminoacidi di una determinata proteina. A un certo punto, quando questa è pronta, si incontra un tripletto di stop che blocca la produzione di amminoacidi e lascia il tempo alla proteina di allontanarsi dalla catena di montaggio. La serie successiva di tre basi azotate inizierà la produzione di un amminoacido che andrà a formare un'altra proteina. Una sequenza di codoni che genera tutti gli amminoacidi per produrre una determinata proteina è detta gene.

Il numero di proteine che i geni possono formare facendo sistemare dai codoni secondo un ordine diverso 20 amminoacidi in una sequenza che ne contiene diverse decine di migliaia è enorme, anche se per proprietà geometriche e per opportunità evoluzionistiche (molte proteine non servono per le funzionalità dell'organismo) il numero effettivo delle proteine prodotte è di qualche migliaio negli organismi complessi (si pensa che nell'uomo le proteine codificate dal DNA siano circa 24.000).

A un certo punto della sua vita, il DNA di un organismo comincia a dividersi grazie all'intervento di specifiche proteine.

La replicazione del filamento in due sequenze identiche (negli organismi unicellulari) caratterizza tutti i processi biologici, che in questo modo possono continuare in altri organismi prima che l'entropia dell'Universo, impersonificata in questi casi dalle leggi chimiche, danneggi il DNA e comprometta la vita stessa dell'organismo.

La molecola del DNA, a causa della sua complessità, è in effetti molto fragile e con il passare del tempo va incontro a delle reazioni chimiche con l'ambiente circostante che ne determinano delle modificazioni. Alcune proteine sono in grado di riparare i danni fino a quando risultano contenuti, ma con il passare del tempo l'efficienza decresce e a un certo punto la sintesi proteica subisce rallentamenti e danni irreversibili che compromettono la funzionalità stessa dell'organismo.

Per organismi complessi e in una sfera non prettamente fisica, si parla di morte. Ed è buffo notare come il concetto sia indissolubilmente legato ai meccanismi stessi che hanno generato la vita. Il DNA si è probabilmente originato in un brodo primordiale contenente acqua, ammoniaca e una grande varietà di composti e molecole casuali. Con il passare del tempo, l'ambiente favorevole e la naturale propensione di alcuni atomi a legarsi e formare composti complessi ha provato miliardi di combinazioni possibili, seguendo solamente le opportunità offerte dalla fisica: niente di più semplice e spontaneo.

Tra le miliardi di combinazioni provate e riprovate, nel corso di centinaia di milioni di anni, una in particolare ha avuto il vantaggio di essere ordinata a tal punto da permettere qualcosa che fino a quel momento non era mai successo: riprodursi autonomamente.

Una molecola su migliaia di miliardi capace di organizzarsi con una serie di proteine per proteggersi dall'ambiente esterno (la membrana cellulare) e per svolgere funzioni basilari come l'immagazzinamento dell'energia e la riproduzione, è stata sufficiente per emergere da quel caotico brodo primordiale. Riproducendosi una

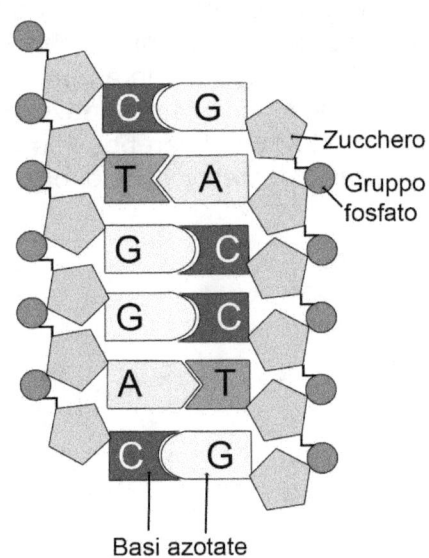

Schematizzazione di un pezzo della molecola di DNA, il centro di comando di tutti gli organismi viventi che conosciamo.

volta ha generato due copie identiche; queste hanno poi creato altrettante copie, poi ancora altre. Il loro numero, in poco tempo, è cresciuto esponenzialmente e si è imposto rispetto al

37

rumore di fondo delle miliardi di combinazioni chimiche disordinate e incapaci di fare altrettanto.

Questo è stato il vantaggio del DNA.

Ma quelle stesse reazioni chimiche casuali e disordinate che l'hanno generato, con il passare del tempo sono anche quelle che tendono a distruggerlo, perché continuano indisturbate. La fortuna dei primi organismi viventi è stata quella di riuscire a riprodursi prima che le combinazioni possibili distruggessero quell'istante ordinato. Un istante brevissimo, forse, almeno agli inizi, che è stato però sufficiente per dare il via all'incredibile gioco della vita.

Sembra assurdo, quindi, ma vita e morte hanno in comune tutto: l'ambiente, i meccanismi chimici e fisici, le molecole e gli atomi. Non c'è volontarietà nella morte, né coscienza; è solamente l'effetto collaterale inevitabile della nascita della vita. Senza morte non ci sarebbe vita, perché non ci sarebbe stata la possibilità di creare nulla di organizzato.

Gli ingredienti della vita sulla Terra

Come si formano i primi organismi a partire da semplici molecole a base di carbonio? Quando avviene la transizione tra materia inanimata e animata? Ed è nato prima il DNA che crea le proteine, o le proteine in modo che poi si formasse una molecola, il DNA, capace di utilizzarle e produrle?

A tutte queste domande rispondiamo con un colossale: non lo sappiamo.

Quello che possiamo cercare di fare è sperimentare, cercare di riprodurre le condizioni adatte alla vita e vedere in quanto tempo e come si sviluppa. Non sarà probabilmente sufficiente a capire tutto, ma almeno possiamo avere un'idea di quali possano essere gli ingredienti base.

Per ora sappiamo che serve l'acqua, ma potrebbe andar bene qualsiasi altro liquido? Ed è verosimile pensare che con un po' d'acqua, qualche molecola organica pescata a caso e un po' di energia che non guasta mai, sia possibile, semplicemente aspettando pazientemente, che la vita si crei da sola? In altre parole, i processi biologici sono una conseguenza inevitabile e spontanea nell'Universo, come la nascita delle stelle da una grande nube di gas che collassa?

Nel corso degli anni sono stati molti gli esperimenti che hanno cercato di far luce su quest'affascinante argomento. Il più importante e famoso è senza dubbio l'apparato costituito da Miller e Urey. Noto semplicemente come esperimento di Miller, cercava di riprodurre le condizioni presenti sulla Terra poco dopo la sua formazione, compresa la composizione chimica del suolo e dell'atmosfera.

In un'ampolla era presente l'acqua che veniva riscaldata e fatta evaporare leggermente. I vapori andavano in un'altra ampolla che riproduceva la composizione chimica dell'atmosfera primordiale priva di ossigeno, ma ricca di ammoniaca, carbonio, idrogeno, metano. Il vapore acqueo condensava e poi tornava nel vaso contenente acqua arricchendola con gli elementi atmosferici e dando vita al brodo primordiale.

Nell'ampolla atmosferica era presente anche un elettrodo che simulava attraverso scariche elettriche i fulmini molto violenti e abbondanti nell'antica atmosfera terrestre.

Dopo qualche settimana, Miller e Urey notarono che nel brodo primordiale si erano formate spontaneamente diverse molecole organiche, tra cui proprio gli amminoacidi. I risultati sono stati confermati da tutti gli esperimenti successivi e testimoniano come agli ingredienti della vita non serve niente se non le leggi della chimica per aggregarsi.

Naturalmente tra la formazione degli amminoacidi e le prime strutture viventi il passo è ancora lungo e in questo caso un ruolo fondamentale è svolto dal tempo.

Robert Hazen, geologo della George Mason University ha sicuramente inquadrato molto bene il contesto:

"Nell'arco di circa 10.000 anni una versione moderna dell'esperimento di Urey e Miller potrebbe effettivamente produrre una rudimentale molecola autoreplicante, capace di evolvere mediante selezione naturale: in breve, la vita. [...] La spiegazione più plausibile è che le molecole autoreplicanti si siano formate prima sulla superficie delle rocce. Le superfici umide della Terra primordiale avrebbero costituito un grande laboratorio naturale, portando avanti in qualsiasi momento qualcosa come 10^{30} piccoli esperimenti, per un periodo durato forse da 100 a 500 milioni di anni. Un esperimento di laboratorio che duri per 10.000 anni può quindi tentare di ricreare questa situazione eseguendo un gran numero di piccoli esperimenti contemporaneamente. Dall'esterno, queste incubatrici molecolari apparirebbero come stanze piene di computer ma al loro interno ci sarebbero laboratori chimici on-chip, contenenti centinaia di pozzi microscopici, ognuno con diverse combinazioni di composti che reagiscono su una varietà di superfici minerali."

Quest'affermazione basata sui risultati di tutti gli esperimenti ci suggerisce anche un'altra cosa, che a questo punto pare come un'eventualità estrema ma teoricamente possibile: anche noi esseri umani, quando un giorno capiremo fino in fondo i processi biologici, potremo mettere insieme gli ingredienti giusti e creare la vita partendo da materia inanimata. Qualcuno potrebbe vederci un comportamento eticamente e religiosamente discutibile ma non è questa la sede per discuterne. Ci troveremo a fare quello che il caso dell'Universo ha eseguito qui sulla Terra. E lo scenario, pensando con mente aperta, potrebbe essere ancora più affascinante: se da qualche parte ci sono esseri più avanzati di noi, che siamo dei bambini per l'età dell'Universo, allora tutto quello che scopriamo e scopriremo sarà già stato affrontato e messo in atto da milioni o miliardi di anni. Noi, insomma, non saremo di certo i primi.

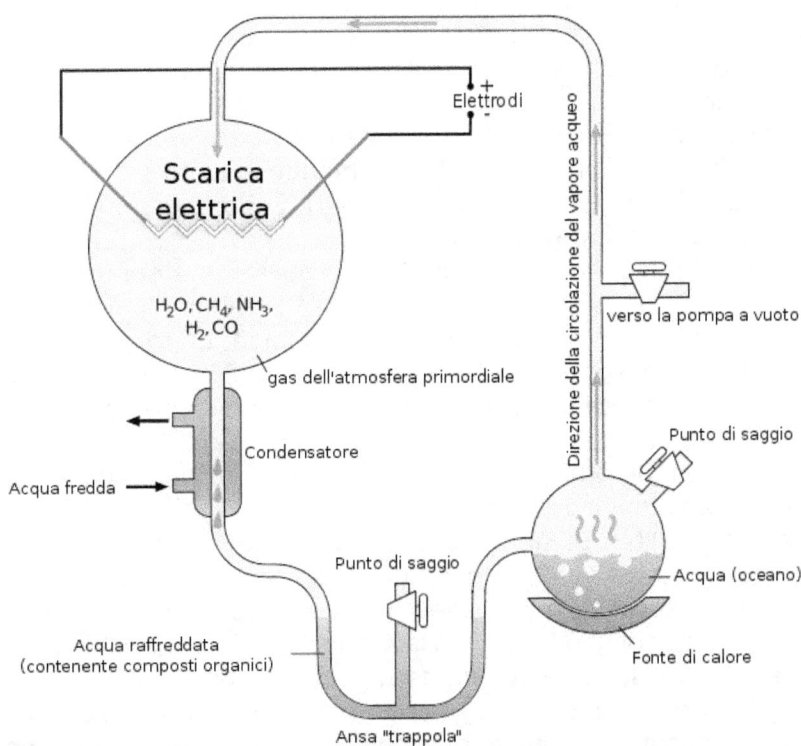

L'apparato dell'esperimento di Miller ha dimostrato che i mattoni della vita (e presumibilmente anche la vita) si creano autonomamente nell'ambiente adatto, come quello della Terra primordiale. La vita, quindi, non è nient'altro che uno dei tanti risultati ammessi dalle leggi che regolano l'Universo, alla stregua di quelle che formano le stelle e le galassie: semplicissimo, ma dai risvolti incredibilmente profondi.

I tempi e l'evoluzione

Il cammino evolutivo del nostro pianeta dal punto di vista biologico non è per niente chiaro e ricostruire eventi accaduti miliardi di anni fa potrebbe non essere così semplice.

Il punto fermo da cui possiamo partire è sicuramente la formazione del Sistema Solare, includendo quindi i pianeti e il Sole. Gli asteroidi, i residui del processo di formazione, sono stati datati a 4,57 miliardi di anni, con un'incertezza ormai di pochi milioni di anni. Considerando il processo di formazione che potrebbe aver richiesto 100 milioni di anni, la Terra ha iniziato a formarsi 4,6 miliardi di anni fa.

4,5 miliardi di anni fa, pochi milioni di anni dopo la formazione, il terribile impatto con un pianeta dalle dimensioni di Marte, denominato Theia, sconvolse l'intero pianeta fondendolo di nuovo, inclinando l'asse di 23° e formando la Luna.

Dopo una lunga fase più tranquilla di raffreddamento, iniziarono a comparire i primi minerali.

I materiali più antichi che conosciamo sulla Terra sono zirconi incastonati in alcune rocce (più recenti) nell'ovest dell'Australia, risalenti a 4,4 miliardi di anni fa. Le rocce più antiche ritrovate sono vecchie di circa 4 – 4,2 miliardi di anni; questo è il periodo di tempo in cui la crosta riuscì a solidificarsi.

Quello che sembra assodato è che l'involucro primordiale sia stato spazzato via dall'impatto con Theia. Probabilmente fino a qualche migliaio di anni dopo la catastrofe, l'atmosfera era composta da polveri fuse di detriti, che sono poi condensate e precipitate mano a mano che il nuovo raffreddamento procedeva. I materiali più volatili sollevati, tra cui, forse, anche il vapore acqueo, sono invece rimasti in sospensione.

Le grandi eruzioni vulcaniche che immettevano enormi quantità di composti, principalmente anidride carbonica, rendevano l'atmosfera un luogo molto diverso dall'attuale.

In questo clima infernale non è ancora chiaro quando sia comparsa l'acqua. Fino a qualche anno fa si credeva che i primi bacini stabili non si fossero creati prima di 4 miliardi di anni fa.

Ma gli studi della composizione chimica degli antichi zirconi potrebbero indicare che l'acqua già esisteva sulla superficie 4,4 miliardi di anni fa. Questo non contrasta necessariamente con l'età delle rocce più antiche, perché è difficile datare con precisione aggregati di minerali e materiali esposti per miliardi di anni a movimenti della crosta e agenti superficiali.
Se l'atmosfera era molto più spessa dell'attuale, l'acqua avrebbe potuto esistere liquida anche a temperature superiori a 200°C.
I grandi oceani e la tettonica a zolle hanno probabilmente intrappolato in poco tempo enormi quantità di anidride carbonica, riducendo lo spessore dell'atmosfera e facilitando la nascita di condizioni adeguate all'instaurarsi del ciclo dell'acqua e allo sviluppo dei primi mattoni della vita.
In quel grande oceano chiamato brodo primordiale, percorso dalle scariche elettriche di fulmini molto più intensi e frequenti degli attuali, in poche centinaia di milioni di anni le molecole organiche hanno trovato un luogo adatto per aggregarsi e formare le prime strutture prebiotiche, sulle rocce bagnate ogni tanto da maree molto più intense di quelle attuali (la Luna era molto più vicina). Senza la stretta collaborazione tra i minerali del terreno e l'acqua, la ricetta sarebbe stata incompleta.
Il primo microrganismo vivente terrestre, un semplice procariote, che possiamo considerare l'antenato comune di tutte le specie viventi, si è probabilmente formato tra i 3,8 e i 4 miliardi di anni fa.
Le prime tracce confermate di vita primitiva fossile risalgono a 3,8 miliardi di anni fa. In meno di 800 milioni di anni al massimo, molto poco su scala cosmica, la Terra è passata da uno stato completamente fuso e un'atmosfera di rocce vaporizzate, a un pianeta che da quel momento in poi avrebbe conosciuto per sempre una straordinaria evoluzione biologica.

43

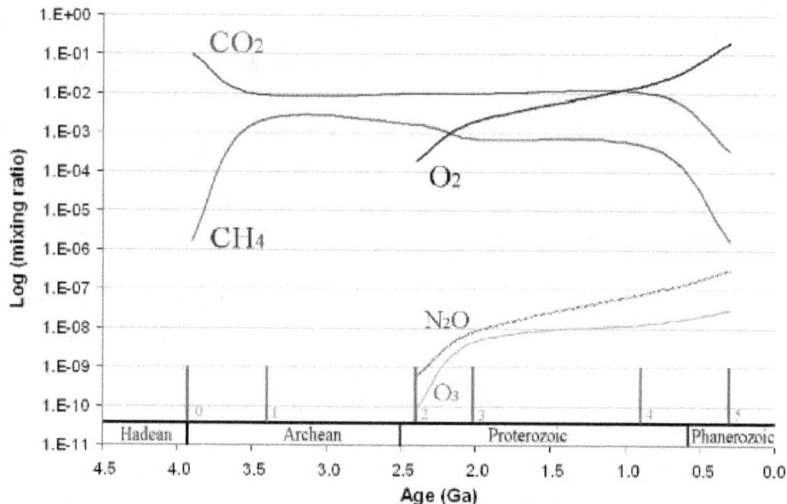

Andamento di alcuni costituenti fondamentali dell'atmosfera terrestre in funzione del tempo a seguito dell'evoluzione dei processi biologici. Con la comparsa della vita il metano è cresciuto esponenzialmente. 2,5 miliardi di anni fa la comparsa dell'ossigeno, quindi di organismi in grado di poterlo utilizzare.

EVOLUTION OF SURFACE ABUNDANCES OVER GEOLOGICAL TIME

EPOCH	AGE (Gyr ago)	MIXING RATIOS				
		CO_2	CH_4	O_2	O_3	N_2O
0............	3.9	1.00E−01	1.65E−06	0	0	0
1............	3.5	1.00E−02	1.65E−03	0	0	0
2............	2.4	1.00E−02	7.07E−03	2.10E−04	8.47E−11	5.71E−10
3............	2.0	1.00E−02	1.65E−03	2.10E−03	4.24E−09	8.37E−09
4............	0.8	1.00E−02	4.15E−04	2.10E−02	1.36E−08	9.15E−08
5............	0.3	3.65E−04	1.65E−06	2.10E−01	3.00E−08	3.00E−07

NOTE.—Based on Kasting (2004).

Abbondanze di alcuni composti nell'atmosfera della Terra nel corso del tempo a causa dei processi biologici. La vita ha plasmato da miliardi di anni la composizione atmosferica. È molto istruttivo osservare che l'anidride carbonica è passata da circa il 10% (1.00E-01) 3,9 miliardi di anni fa ad appena lo 0,0036% del tempo attuale, mentre l'ossigeno in poco più di 2 miliardi di anni è passato da una quantità trascurabile al 21%.

L'origine degli ingredienti della vita

L'ingrediente che ha reso possibile l'aggregazione efficiente degli elementi base per la vita è stato sicuramente l'acqua, un liquido fondamentale in grado di costituire la struttura portante di ogni reazione biologica.

L'acqua costituisce oltre il 90% del peso dei piccoli batteri elementari ed è il collante fondamentale per quel 10% di molecole organiche organizzate per formare un essere vivente. Senza acqua o un liquido altrettanto efficace, la vita non avrebbe potuto svilupparsi.

Il problema, per la Terra e i pianeti interni, tra cui Marte, è però grande: chi ce l'ha portata l'acqua?

I modelli di formazione del Sistema Solare ci dicono chiaramente che la nebulosa protosolare a quelle distanze dal Sole era troppo calda per permettere all'acqua di condensare in grandi quantità e formare quindi gli embrioni dei pianeti. Alla distanza della Terra, solamente i silicati e i metalli si trovavano nella forma solida capace di creare gli aggregati planetari. Le modeste quantità d'acqua inglobate dai protopianeti sono quasi certamente evaporate mano a mano che la violenza delle collisioni aggregava corpi sempre più massicci e caldi. Come se non bastasse, l'atmosfera primordiale della Terra venne distrutta dal violento impatto con Theia, formando poi la Luna e privandola ulteriormente del vapore acqueo che possedeva. La Terra quindi, appena dopo la sua formazione doveva essere un corpo celeste estremamente secco.

Chi o cosa ha portato l'acqua sul nostro pianeta? Difficile credere che l'acqua si sia formata da sola successivamente, poiché di ossigeno libero in atmosfera che potesse reagire con l'idrogeno non ce n'era (almeno non così tanto).

Se diamo un'occhiata alla distribuzione delle temperature nella nebulosa primordiale che ha formato il Sistema Solare, la zona in cui i composti più volatili contenenti l'idrogeno come l'acqua, l'ammoniaca e il metano, tutti essenziali per i processi biologici elementari, potevano trovarsi nello stato solido, quindi condensare per formare corpi celesti, si trova nel bel mezzo dell'attuale fascia principale degli asteroidi. La cosiddetta linea del ghiaccio (frost line in inglese) segna un confine netto tra i corpi celesti a base di silicati e quelli formati per buona parte di ghiacci, principalmente acqua. Non è difficile allora comprendere da dove provenga l'acqua, l'ammoniaca e forse buona parte delle molecole organiche della Terra: da corpi celesti che si sono creati più lontano, cioè asteroidi e comete.

Ce n'erano così tanti di questi piccoli proiettili cosmici che nel primo miliardo di anni, come testimonia la butterata superficie lunare, a migliaia, forse milioni, sono precipitati su tutti i pianeti interni, Terra compresa, liberando le grandi riserve di acqua e composti organici che contenevano.

Abbiamo una prova di tutto questo? Sì!

Studiando asteroidi e comete, abbiamo capito che la composizione dell'acqua terrestre somiglia molto a questi corpi celesti.

Un momento; l'acqua è sempre acqua, come può variare in composizione?

In realtà esistono almeno due tipi diversi di molecole d'acqua: quelle composte da due atomi di idrogeno e uno di ossigeno e quelle formate da due atomi di deuterio e uno di ossigeno, un composto detto acqua pesante.

Il deuterio è un atomo di idrogeno che contiene anche un neutrone, una specie atomica rara che risale agli albori del Sistema Solare, direttamente dalla nebulosa primordiale.

Bene, la quantità di molecole di acqua pesante negli oceani terrestri è molto simile a quella ritrovata in molti asteroidi della fascia principale e a quella misurata in almeno una cometa, la Hartley 2 ed è molto diversa da quella di tutti i pianeti gassosi che si pensa abbiano mantenuto la composizione primordiale senza grossi cambiamenti.

Sembra assurdo ma è così: quando faremo un bagno in mare pensiamo per un attimo che questo liquido così prezioso ha avuto un'origine extraterrestre risalente a miliardi di anni fa. Ci vuole un bel coraggio per continuare a pensare a comete e asteroidi come portatori di morte e distruzione: è stato proprio il contrario!

Com'è possibile, però, che il violentissimo scontro di un asteroide possa preservare l'acqua, fragili molecole organiche o, come vedremo tra poco nel caso di Marte, addirittura probabili forme di vita?

Solamente gli oggetti superiori a 50-100 metri producono impatti devastanti che generano enormi crateri e polverizzano l'oggetto quasi per intero. L'acqua, sotto forma di vapore, è comunque capace di resistere e arricchire l'atmosfera anche negli scontri più violenti.

Per i corpi celesti più piccoli, che sono di gran lunga più abbondanti (anche ai giorni nostri), l'energia in gioco non è elevata. Quelli che polverizzano in atmosfera come stelle cadenti rilasciano nell'aria il contenuto di acqua e molecole organiche, un miscuglio che poi precipita lentamente a terra. Ancora oggi qualcosa come diverse tonnellate l'anno di materiale asteroidale e cometario piove sulle nostre teste.

I corpi celesti di dimensioni medie (5-100 metri) riescono addirittura ad arrivare al suolo quasi intatti e hanno una proprietà estremamente interessante.

Se noi potessimo raccogliere una pietra cosmica appena caduta sulla Terra ci accorgeremmo che è estremamente fredda. Com'è possibile dopo una discesa in atmosfera nella quale il calore in superficie ha superato i 2000°C a causa dell'enorme attrito?

Meteoriti e comete passano gran parte del loro tempo nel freddo dello spazio; anche la luce solare diretta riesce a scaldare moderatamente solo un esiguo strato superficiale. Nelle fasi antecedenti l'impatto trascorrono solo una manciata di secondi alle temperature roventi dell'atmosfera. Il calore, quindi, non riesce a espandersi su tutto il volume: non c'è tempo. È un po' come prendere un cubo di ghiaccio e metterlo per circa 10 secondi su una fiamma; gran parte resta solido e quello che si è sciolto è ancora freddo. Secondo questo scenario, quindi, l'acqua, le molecole organiche ed eventuali forme di vita sono perfettamente in grado di arrivare al suolo.

Se l'acqua sulla Terra non c'era inizialmente, cosa dire delle molecole organiche e dei mattoni della vita come gli amminoacidi? Anche queste, la cui struttura è sicuramente più fragile dell'acqua, potrebbero aver avuto un'origine extraterrestre? Considerando i tempi di raffreddamento, di generazione dei bacini d'acqua e la formazione e lo sviluppo delle molecole organiche nel brodo primordiale, l'intervallo di tempo disponibile per la nascita delle prime specie viventi è stato tutto sommato breve, forse anche troppo per le nostre attuali conoscenze. Sicuramente dai meteoriti e dalle comete è arrivato un contributo di un certo livello che potrebbe essere ancora più importante. In effetti, poche centinaia di milioni di anni hanno fatto sorgere più di un dubbio ad astronomi e astrobiologi: e se i mattoni come le proteine e il DNA, o addirittura veri e propri esseri primordiali, fossero venuti direttamente dallo spazio, da una cometa, un asteroide o persino da un pianeta vicino leggermente più evoluto di noi? È possibile tutto questo?

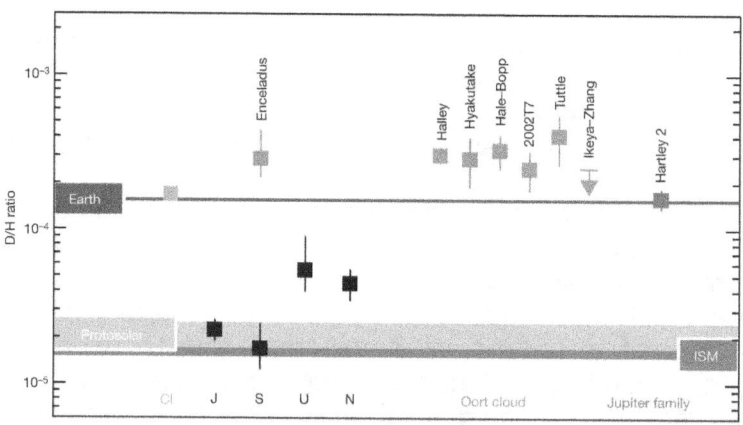

Abbondanze di deuterio rispetto all'idrogeno nell'acqua del Sistema Solare a confronto con quella terrestre (rettangolo blu a sinistra). Le meteoriti carbonacee (CI, quadrato verde) e almeno una delle comete finora studiate (quadrato viola a destra), hanno un rapporto molto simile. L'acqua della Terra, quindi, deriva proprio dagli asteroidi della fascia principale e dalle comete gioviane e della fascia di Kuiper (non da quelle della ben più lontana nube di Oort, punti arancio).

Vita: eccezione o regola?

I materiali che troviamo sulla Terra, i cui costituenti primari sono azoto, carbonio, ossigeno, silicio, idrogeno, derivano direttamente dall'Universo stesso, da quest'ambiente così immenso, vuoto e strano poco sopra le nostre teste.

Non è quindi difficile arrivare alla conclusione logica che anche i costituenti della vita arrivino dalle profondità dello spazio e siano stati raccolti, come il gas e le polveri, dal processo di formazione del Sistema Solare, 4,6 miliardi di anni fa.

E allora fermiamoci a pensare un attimo e capiremo una cosa estremamente importante su cui poi si basa l'esistenza stessa di questo libro e di generazioni di astronomi che cercano forme di vita al di fuori del nostro pianeta.

L'idrogeno che forma i nostri mari e il 63% dell'acqua dei nostri corpi è l'elemento più abbondante dell'Universo, costituendone ben il 74% della massa. L'ossigeno, il gas che per noi è vita e che si lega al carbonio a formare composti come l'anidride carbonica, altrettanto importanti per tutti i vegetali e molti batteri anaerobici, è il terzo più abbondante, sopravanzando il carbonio (quarto) e il silicio (quinto).

Il Sole, la nostra stella e colei che rende disponibile l'energia a tutti gli esseri viventi e agli stessi corpi celesti, è uno degli astri più comuni dell'Universo. Solamente nella Via Lattea pensiamo ce ne siano almeno un miliardo praticamente identici e se manteniamo una leggera tolleranza di massa saliamo esponenzialmente ad almeno 100 miliardi.

Di sistemi planetari ne conosciamo con certezza centinaia entro poche migliaia di anni luce.

Il modo con cui si è formato il Sistema Solare è identico alle fasi di formazione stellare che osserviamo nella nostra e in altre galassie.

Siamo stati persino in grado di scoprire cinture di comete e asteroidi attorno ad altre stelle, sorprendentemente simili (per quanto ne sappiamo) a quelle che circondano il Sistema Solare (nube di Oort e fascia di Kuiper).

Ma il passo che più ci ha reso consapevoli è stata la scoperta di molecole particolarmente interessanti un po' ovunque nel Cosmo.

Le molecole organiche, l'acqua, addirittura amminoacidi, proteine e zuccheri complessi, sono stati rilevati su altri pianeti del Sistema Solare, sulle comete, sugli asteroidi, persino in grandi nebulose nelle quali stanno nascendo nuove stelle e, presumibilmente, altri sistemi planetari.

L'acqua, in particolare, è tra le molecole più abbondanti dell'Universo, perché costituita dal primo e dal terzo elemento.

Nello spazio è impossibile trovarla nello stato liquido; per questo occorrono condizioni particolari che si trovano solo su alcuni pianeti, ma la possibilità affinché questo accada c'è, e permea tutto lo spazio.

Gli ingredienti per la vita ci sono da quando le primissime generazioni di stelle esplodendo hanno iniziato ad arricchire lo spazio degli elementi più pesanti prodotti dalle reazioni di fusione nucleare: almeno 13 miliardi di anni. Quello che serve è un'incubatrice adatta, un pianeta che riesca a garantire per un tempo sufficientemente lungo le condizioni ambientali affinché questi semi riescano a interagire e formare le prime specie viventi.

La verità, dunque, per quanto possa essere scioccante e difficile da accettare, è che non abbiamo proprio nulla di speciale.

Ci troviamo in un punto qualsiasi di una normale galassia a spirale, in una zona qualunque dell'Universo, attorno a una stella normalissima che come le altre centinaia di miliardi ruota attorno al centro della Galassia, in un sistema planetario come tanti altri, fatto dai materiali più abbondanti del Cosmo. Persino noi umani, per quanto complessi ed evoluti, siamo fatti di materia straordinariamente comune vecchia quasi quanto l'Universo, che si è aggregata grazie alle leggi della chimica e per qualche sconosciuto motivo, dopo miliardi di anni, ha preso addirittura coscienza del mondo.

Forse non capiremo mai dov'è il confine tra materia inanimata e animata o tra incoscienza e coscienza, ma nel nostro piccolo possiamo sperare di incontrare e riconoscere altre reazioni chimiche simili alle nostre che in qualche modo ci facciano sentire meno vuoto quest'immenso Universo. E a meno di non rappresentare un'assurda eccezione, un vero e proprio para- dosso nello stringente gioco di regole fisiche del Cosmo, di certo non siamo gli unici abitanti. Coscienti, incoscienti, vicini o estremamente lontani, contemporanei oppure vissuti in epo- che diverse, appare ormai un assurdo logico pensare che tutto questo spazio sia destinato solamente a noi.

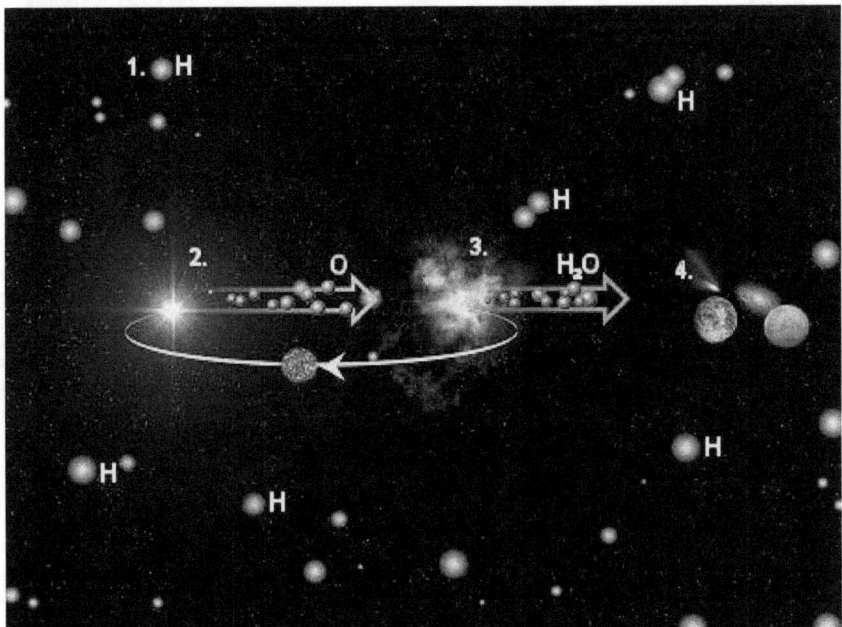

L'idrogeno si è formato con la nascita dell'Universo e si è aggregato per for- mare le stelle. Nei loro nuclei si è prodotto ossigeno che poi attraverso le supernovae si è riversato nello spazio, combinandosi con l'idrogeno per for- mare l'acqua. Molecole d'acqua si trovano attualmente in grandi quantità nelle zone di formazione stellare e addirittura al centro delle galassie. Mano a mano che l'Universo invecchia ci sarà a disposizione sempre più ossigeno, quindi sempre più acqua. Siamo fatti per oltre il 60% da una delle molecole più abbondanti dell'Universo. Siamo aggregati di materia straordinariamente comune.

La vita solo sul carbonio?

Il carbonio è l'atomo chiave per tutti i processi biologici che conosciamo, il comune denominatore che forma amminoacidi, proteine, membrane cellulari, apparati, gli zuccheri del DNA. Potrebbero esistere forme di vita basate su una chimica totalmente diversa?

L'atomo di carbonio ha proprietà davvero uniche per i processi biologici, anzi, sembra essere l'elemento perfetto per lo sviluppo e l'evoluzione delle forme di vita, che richiedono lunghe e complesse molecole per gestire i vari apparati per la sopravvivenza, tra cui l'estrapolazione dell'energia, il suo immagazzinamento, la protezione dall'ambiente circostante e le fasi di riproduzione.

Tra tutti gli elementi della tavola periodica, il silicio è sicuramente il più somigliante. È allora possibile, almeno in linea teorica, una forma di vita elementare alla cui base ci sia il silicio? A uno scenario del genere non ci hanno pensato solamente gli autori di film e libri di fantascienza ma anche gli astrobiologi, chiedendosi, chimica alla mano, se il silicio sia in grado di sostituire il carbonio per i processi biologici elementari, quindi per creare le pareti di primitive cellule, formare delle molecole con il compito di messaggeri ed esecutori alla stregua delle proteine, e un centro di comando e gestione simile al nostro DNA.

La risposta, in questi termini, appare negativa, confermata anche dalla logica: se fosse stato possibile ci avrebbe già pensato l'Universo e ne avremmo trovato almeno una minima traccia sulla Terra o nel Sistema Solare. Non dimentichiamo mai che l'Universo sta andando avanti in modo indipendente da quasi 14 miliardi di anni e i nostri pianeti da 4,6 miliardi: l'era attuale, benché ci sembri importante a causa di questo incidente di percorso chiamato vita, non ha in realtà nulla di speciale.

Gli atomi di carbonio formano con facilità e sorprendente stabilità legami complessi e geometrie ad anello, a catena semplice e persino doppia. Le corrispondenti strutture basate sul silicio si sono rivelate instabili e a volte altamente reagenti. Come se non bastasse, questo atomo non è in grado di formare molecole lunghissime. Il composto più grande a base di silicio ha appena 6 atomi, contro le decine di migliaia di carbonio che formano una semplice proteina. Senza lunghe catene e la flessibilità di formare complesse strutture non è possibile organizzare nessun organismo vivente: è un po' come se non ci fosse abbastanza memoria nel computer per potersi anche semplicemente accendere per una volta.

Se non vogliamo arrenderci alle spietate regole della chimica, c'è anche un'altra considerazione che riguarda l'Universo intero: il silicio è molto meno abbondante del carbonio.

Ultimo, ma non per importanza e forse limitatamente all'ambiente terrestre, il silicio non ha un buon rapporto con l'acqua. Alcuni composti come il biossido di silicio, l'analogo dell'anidride carbonica, non si dissolvono nell'acqua liquida. Quale gas verrebbe quindi utilizzato da presunti organismi per mantenere attivo il proprio metabolismo?

Le cose vanno un po' meglio se consideriamo le molecole di silicio disciolte in un ambiente in cui l'acqua è sostituita dall'acido solforico, ma anche in questo caso le lunghe catene simili a quelle che forma il carbonio non si possono formare: è sempre la chimica che ce lo impedisce.

Altri atomi sono ancora meno disposti a scambiare legami per processi che possano somigliare a qualcosa di biologico.

Di fatto sono quindi le regole della chimica a impedire con buona probabilità l'esistenza di forme di vita basate su altri composti. E queste, fortunatamente, le conosciamo bene.

Considerando poi che il carbonio è il quarto elemento più abbondante dell'Universo e che gli altri tre sono dei gas (idrogeno, elio e ossigeno), è lo stesso Cosmo a dirci che forse la regola base a tutte le forme di vita l'abbiamo trovata, anche se ancora non ne siamo sicuri: tutti i processi biologici, non solo quelli terrestri, richiedono carbonio. E d'altra parte su un pianeta normale, attorno a una stella media, in un punto ordinario di una delle tante galassie, non ci si potrebbe aspettare nulla se non qualcosa di straordinariamente comune.

Come e cosa cercare al di fuori dalla Terra

Osserviamo il cielo con i telescopi da ormai oltre 400 anni; abbiamo scrutato i nostri pianeti, molte altre stelle; ci siamo spinti fino alle altre galassie e poi lontanissimi ai confini dell'Universo. Abbiamo scoperto situazioni e corpi celesti fantascientifici, alcuni così violenti da poterci spazzare via in un secondo se si trovassero entro un raggio di qualche migliaio di anni luce. Ci siamo stupiti di quanto sia migliorata la nostra concezione dell'Universo, delle sue strutture, dei suoi oscuri misteri. Oggi i cosmologi credono addirittura di essere vicini alla scrittura della storia dell'intero Cosmo, a partire da un infinitesimo istante successivo alla sua nascita fino a proiettarci miliardi di anni in avanti.

Abbiamo esplorato in lungo e in largo anche l'infinitamente piccolo grazie ai grandi acceleratori di particelle. Ma se abbiamo una mostruosa carenza delle nostre conoscenze, questa riguarda proprio il funzionamento dei processi biologici e la loro eventuale presenza nell'Universo.

Conosciamo a mala pena una piccola parte dell'enorme complessità della vita che da miliardi di anni popola questo nostro pianeta; come possiamo pensare di trovarla nell'Universo se non sappiamo ancora come funzionano le specie che abbiamo sempre sotto i nostri occhi?

Da pochi anni sono state scoperte colonie di batteri che vivono a 40 e più chilometri di altezza; specie primitive che si nutrono dei prodotti di scarto di altri organismi e non hanno bisogno di ossigeno. Complessi pesci possono sopravvivere ed evolvere anche senza la luce del Sole sul fondo delle fosse oceaniche.

Alcuni batteri, chiamati estremofili, popolano i luoghi più inospitali e inaccessibili del pianeta, con temperature di decine di gradi sotto lo zero e in quasi totale assenza di acqua.

La verità è che per quanto abbiamo cercato, non esiste luogo sulla Terra che non contenga vita elementare.

Come se non fosse abbastanza, ad accentuare la confusione ci si mette anche il fatto che non sappiamo neanche quali possano essere le condizioni affinché le specie che conosciamo riescano a sopravvivere.

Abbiamo compreso che sicuramente più un organismo è complesso, più stringenti sono le condizioni ambientali affinché possa continuare ad autosostenersi. Nessun essere vivente appartenente al regno animale potrebbe vivere senza ossigeno, così come nessun vegetale potrebbe sopravvivere senza la luce diretta del Sole.

Ma per i microrganismi unicellulari, che sono stati i primi e gli unici abitanti della Terra per oltre due miliardi di anni, le cose sono ben diverse; quanto, però, non è dato ancora saperlo.

Sotto questo punto di vista, la seguente domanda rappresenta un punto cruciale del nostro percorso: che cosa e dove cerchiamo?

La vita elementare può svilupparsi solo in ambienti simili alla Terra e nei modi che osserviamo qui?

La risposta è molto probabilmente negativa. Ma quali sono i limiti?

E la vita complessa? Per questa sono richieste condizioni molto più stringenti, forse, e lo vedremo meglio nell'apposito paragrafo all'interno del capitolo sulla ricerca di forme di vita evolute.

Il problema è che finché non avremo un quadro migliore di come si possa sviluppare la vita, secondo quali molecole e in quali ambienti, potremmo mancarla clamorosamente anche nel caso in cui ce la dovessimo avere sotto gli occhi (e forse è già successo nel 1976!), semplicemente perché non la riconosceremo o perché cercheremo altro, magari troppo a nostra immagine e somiglianza.

Purtroppo al momento, i nostri limiti tecnologici non ci permettono di gironzolare liberamente per lo spazio e poggiarci su tutti i pianeti al di fuori del Sistema Solare per studiarne le condizioni e avere un quadro più grande del concetto di vita.

Tutto quello che possiamo fare è studiare l'unico ecosistema raggiungibile facilmente, quello terrestre.

Negli ultimi anni, grazie ai progressi della biologia, abbiamo appreso moltissime informazioni.

Ad esempio, abbiamo dato fondamento all'intuizione di qualche pagina addietro e scoperto che tutte le forme di vita si basano sul carbonio, quindi sulle molecole organiche, utilizzano proteine e amminoacidi codificate dal DNA.

I procarioti, gli organismi più semplici che si conoscono, non richiedono altro se non un po' d'acqua liquida (e forse molto poca).

Le tracce di queste prime forme di vita terrestri risalgono almeno a 3,8 miliardi di anni fa, in un ambiente molto diverso dall'attuale.

Gli organismi successivi e più complessi (sebbene sempre u-nicellulari), chiamati eucarioti, sono probabilmente il risultato delle particolari condizioni della Terra, l'evoluzione possibile che a partire dai progenitori, i semplici procarioti, ha saputo sfruttare al meglio le risorse e le proprietà del nostro pianeta, del Sole e dello spazio circostante.

Per generare le prime forme di vita come le conosciamo, le richieste potrebbero quindi essere molto più essenziali: molecole organiche, acqua, un po' di energia (solare, termica o elettrica proveniente, ad esempio, dai fulmini). L'ossigeno non serve, anzi, è il nemico principale delle strutture prebiotiche. La presenza massiccia di questo gas, per noi così fondamentale, può ossidare, quindi bloccare, l'aggregazione e lo sviluppo dei mattoni fondamentali.

Non è quindi un caso se l'ossigeno nell'atmosfera della Terra sia comparso solamente dopo miliardi di anni, quando organismi più complessi avevano imparato, sempre secondo casuali tentativi, a sfruttare questo composto che era il prodotto di scarto di forme ancora più elementari (vedi pagina 44).

L'evoluzione delle specie ha quindi modificato in modo spettacolare la superficie e soprattutto l'atmosfera del nostro pianeta.

Guardando gli altri pianeti del Sistema Solare sorge subito alla mente un'osservazione semplice ma estremamente potente:

perché non ci sono importanti quantità di ossigeno in nessun'altra atmosfera?

A questa domanda possiamo rispondere: perché non ci sono esseri viventi in grado di produrre questo gas in superficie. E allora appare evidente che sarà impossibile trovare forme di vita complesse simili alle nostre che possano usare un composto che non esiste. Nessun animale, nessun insetto, nessun mammifero possono quindi svilupparsi e sopravvivere sulle superfici dei corpi del Sistema Solare. Ma questo, per quanto detto, potrebbe rappresentare solo una parte della realtà.

Siamo coscienti che organismi viventi si possono sviluppare in ambienti e modi diversi rispetto alla Terra, ma non possiamo fare altrimenti se non cercare qualcosa che somigli a quel poco che conosciamo, almeno in queste prime fasi della ricerca della vita extraterrestre.

In un mare di pianeti, stelle e galassie, quindi nell'immensa vastità dell'Universo, questo può rappresentare il punto fermo dal quale partire con la ricerca più difficile, complicata, lunga e importante che abbia mai affrontato il genere umano.

Come tutto nell'Universo, anche i processi biologici seguono delle regole: le forme di vita non possono crearsi come un artista dipinge un quadro o scrive una poesia.

E allora potrebbe essere plausibile pensare che come le stelle hanno un funzionamento di base uguale, come le galassie seguono vincoli nella loro formazione, così anche le molecole alla base della vita e gli organismi primitivi si basino su un funzionamento simile e possano per questo avere delle caratteristiche comuni per tutto l'Universo.

Il fatto che la Terra e il Sole non siano niente di speciale potrebbe aprire le porte a un tratto comune a tutte le specie viventi; questo potrebbe essere il carbonio e le molecole organiche, persino le proteine e il DNA, tutti elementi che sono presenti anche nello spazio aperto e che quindi potrebbero costituire le basi di tutta la vita. L'evoluzione del singolo pianeta, poi, sarà ciò che darà i tratti distintivi agli organismi delle generazioni successive.

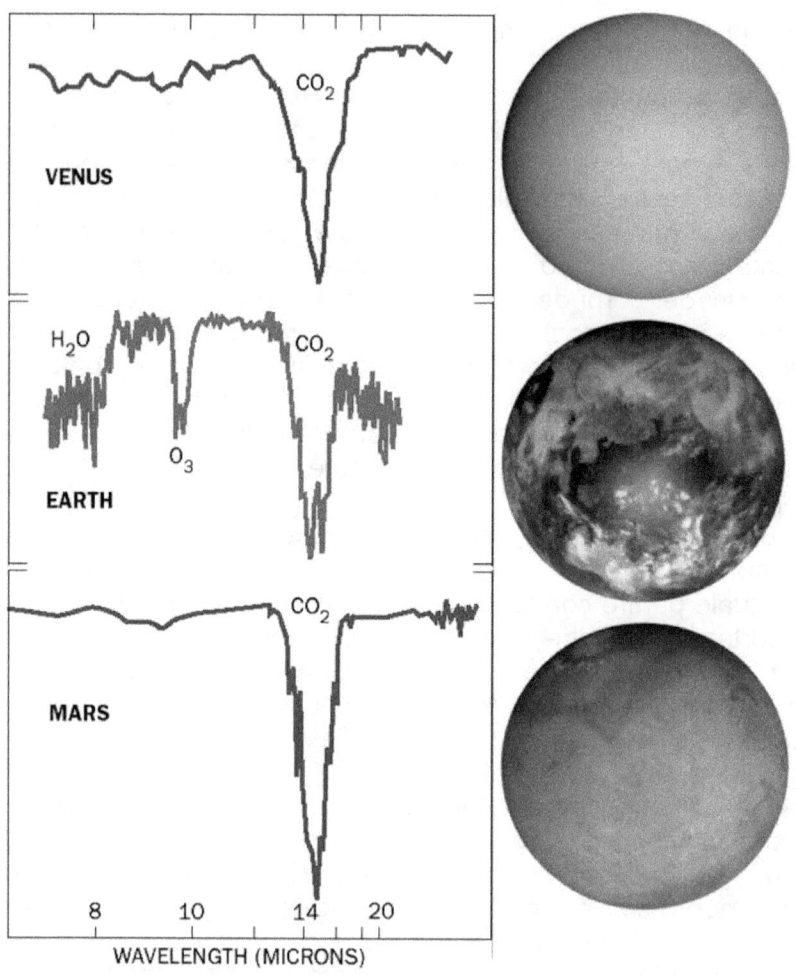

Differenze nello spettro atmosferico tra Terra (al centro) e i due pianeti rocciosi più simili nel Sistema Solare. L'assenza di ossigeno, qui visibile sotto forma di ozono (O_3), è un chiaro indicatore che su Venere e Marte non ci sono forme di vita in grado di produrre questo gas, né tantomeno esseri complessi capaci di utilizzarlo. L'ossigeno libero viene immesso in atmosfera solamente da processi biologici (e per quanto ne sappiamo a base fotosintetica).

Ci potrebbero essere altri mondi abitabili?

Quando Galilei puntò per primo il suo rudimentale strumento sulla Luna, ebbe la prova tangibile e inoppugnabile che quel corpo celeste era costituito da montagne, valli e addirittura quelli che sembravano dei mari.

Stesse considerazioni vennero ben presto fatte per gli altri pianeti, quei punti in movimento tra le stelle che finalmente rivelarono la loro natura concreta. Le formazioni atmosferiche e superficiali fecero capire una volta per tutte che anche quelli erano dei mondi potenzialmente simili alla Terra. Il nostro pianeta, quindi, non era solo e nessuno avrebbe più potuto dire il contrario.

Con un po' di logica e qualche deduzione si comprese senza ombra di dubbio che quelle fiammelle in cielo non erano altro che delle stelle, magari simili al Sole, che apparivano estremamente deboli solamente perché incommensurabilmente lontane. Le prime misurazioni di quella che è chiamata parallasse diedero in effetti ragione agli astronomi: le stelle più vicine distavano migliaia di miliardi di chilometri e apparivano di una luminosità non troppo diversa da quella che avrebbe avuto il Sole se fosse stato posto in quelle remote regioni di spazio.

Si comprese definitivamente quello che poche pagine addietro abbiamo dato per scontato e che molti uomini di scienza in realtà pensavano già da secoli: noi non siamo un'eccezione in un Universo costruito a nostro uso e consumo, piuttosto degli abitanti silenziosi e invisibili che popolano uno dei miliardi di corpi celesti potenzialmente esistenti attorno ad altre stelle.

L'esistenza di infiniti altri mondi simili al nostro, magari popolati da esseri intelligenti, cominciò a svilupparsi seriamente, seppure come puro esercizio filosofico.

L'emblema di questa normale deduzione logica, almeno nel mondo occidentale, è riassunto nelle parole di Giordano Bruno, pronunciate addirittura prima delle osservazioni risolutrici di Galileo. Un frate che osservando le stelle, mettendo da parte il sentimento antropocentrico e soprattutto alcuni insegnamenti religiosi spesso presi un po' troppo alla lettera, cominciò a guardare il cielo per quello che forse era veramente, non per ciò che generazioni di uomini avevano creduto essere:

"Ma, per venire alla conclusione [...] nel spacio infinito o potrebono essere infiniti mondi simili a questo, o che questo universo stendesse la sua capacità e comprensione di molti corpi, come son questi, nomati astri; ed ancora che (o simili o dissimili che sieno questi mondi) non con minor raggione sarebe bene a l'uno l'essere che a l'altro; perché l'essere de l'altro non ha minor raggione che l'essere de l'uno, e l'essere di molti non minor che de l'uno e l'altro, e l'essere de infiniti che di molti. Là onde, come sarebe male la abolizione ed il non essere di questo mondo, cossì non sarebe buono il non essere de innumerabili altri."

E ancora:

"Onde possiamo stimare che de stelle innumerabili sono altre tante lune, altre tanti globi terrestri, altre tanti mondi simili a questo; circa gli quali par che questa terra si volte, come quelli appaiono rivolgersi ed aggirarsi circa questa terra."

Il mondo, però, non era ancora pronto a tutto questo, soprattutto la Chiesa, il cui potere era sicuramente maggiore di quello attuale.

Per le sue frasi eretiche Bruno fu condannato da un dubbio tribunale, dopo un altrettanto dubbio processo, a morire arso vivo in piazza. Tra i capi d'accusa, anche quello di aver creduto all'esistenza di infiniti mondi.

E così fu; ma neanche lo spettro della morte fece cambiare idea al frate, il cui pensiero rimase sempre libero:

"Avete più paura voi ad emanare questa sentenza che non io nel riceverla."

Da quegli oscuri anni ormai siamo fortunatamente lontani; scienza, logica e libertà si sono guadagnati il diritto di esistere, alla stregua di tutte le altre idee.

Con il progredire della strumentazione astronomica e della cultura scientifica, l'Universo crebbe esponenzialmente di dimensioni e si arricchì di molti altri astri.

Nel Sistema Solare vennero scoperti nuovi pianeti (Urano e Nettuno), molte lune e decine, poi centinaia, e ancora migliaia di asteroidi.

Lo sviluppo della spettroscopia aiutò a capire che nella nostra Galassia c'erano probabilmente miliardi di stelle del tutto simili, anzi, identiche, al Sole.

La discesa della Terra da eccezione a comune normalità si fece sempre più ripida e alcune domande cominciarono ad acquisire sempre maggior significato fisico: se la nostra Stella ha un sistema planetario e un corpo celeste abitato, perché le altre, almeno quelle quasi identiche, non possono aver sviluppato qualcosa di molto simile? Non c'era alcun impedimento (e tuttora non c'è) a uno scenario di questo tipo, anzi, apparve sempre più probabile, soprattutto quando si scoprì l'esistenza di altre galassie.

Oggi si stimano tra le 300 e le 500 miliardi di galassie nell'Universo che possiamo osservare, forse solo una parte infinitesima di quello effettivamente esistente. Se ognuna ha in media 100 miliardi di stelle, allora il numero di astri supera quello di tutti i granelli di sabbia contenuti nelle spiagge di tutta la Terra.

La deduzione logica è quindi devastante, quanto inattaccabile: se il Sistema Solare ospita un pianeta come la Terra sul quale si è sviluppata la vita, vuol dire che questo scenario non è impossibile nell'Universo. Anche se avesse una probabilità bassissima di verificarsi, i numeri in gioco sono così grandi che nella peggiore delle ipotesi potremmo trovare miliardi di pianeti sparsi nell'Universo a noi accessibile.

Se le condizioni per la comparsa di primitive forme di vita non sembrano essere così particolari, potremmo addirittura sperare di trovare qualcosa sui pianeti a noi più vicini, Marte in primis.

E se non dovessimo essere soddisfatti (lo so già, non lo saremo!), potremo andare a spasso tra altri sistemi planetari.

Il problema però, diventerà anche e soprattutto tecnologico: come faremo a scoprire esseri microscopici su un pianeta al di fuori del nostro Sistema Solare? O altri alieni sviluppati come e più di noi?

Con la nascita della tecnologia delle onde radio prima e dei radiotelescopi poi, negli anni 50 e 60 del novecento si fece strada un modo teoricamente accettabile per rilevare eventuali forme di vita extraterrestri intelligenti.

Se l'essere umano aveva imparato a trasmettere e ricevere onde radio, era ipotizzabile pensare che qualche altra civiltà evoluta avesse sviluppato in un momento della propria storia la stessa capacità. In altre parole, c'era la possibilità di ascoltare messaggi radio volontari o non di qualche altra specie sparsa nella Via Lattea.

L'idea, come vedremo meglio nel capitolo dedicato, era ed è tuttora valida. Il problema, però, è capire se e quante sono a questo punto le civiltà evolute in grado di comunicare.

Per gli esseri microscopici le difficoltà sono ancora maggiori perché loro di solito non hanno bisogno di attrarre l'attenzione in modo così fragoroso.

Con l'osservazione di pianeti extrasolari simili alla Terra, però, qualcosa si può fare, perché nessun organismo biologico trascorre la propria vita senza farsi notare in qualche modo.

Vita (elementare) nel Sistema Solare

Il modo migliore per cercare eventuali forme di vita, elementari o complesse, e anche il più semplice, è sicuramente sbirciare da vicino i nostri compagni di viaggio in questo peregrinare attorno al Sole.

La vicinanza dei pianeti del Sistema Solare rende possibile qualcosa che in astronomia è al momento (ma forse per sempre) del tutto fuori dalla nostra portata: avvicinarci ai corpi celesti, poterci addirittura atterrare e condurre osservazioni ed esperimenti sul luogo.

Non è un vantaggio da poco, soprattutto se si pensa che per molti anni questi sono e saranno gli unici corpi planetari che riusciremo a vedere da vicino.

Potrebbe non sembrare interessante e riduttivo volgere lo sguardo con tanta attenzione verso piccoli pianeti a noi vicini, trascurando tutto l'ambiente galattico lì fuori, ma a livello scientifico è un percorso obbligato e molto vantaggioso.

È del tutto naturale affrontare, magari un po' svogliati, questo argomento aspettando il clou che verrà quando finalmente usciremo dal piccolo guscio generato dal campo magnetico del Sole; è lo stesso principio che ci fa apprezzare luoghi e situazioni molto distanti dalla nostra realtà che poi, magari aiutati da un amico, ci rendiamo conto di non conoscere a sufficienza nemmeno per un breve tour guidato.

Una conoscenza approfondita dei luoghi più nascosti di satelliti e pianeti potrebbe anzi rivelarci interessanti sorprese, alcune poco conosciute ma ottime per farci gridare con certezza, magari tra qualche anno, di non essere soli nell'Universo.

Prima di andare avanti, meglio restare con i piedi ben piantati a terra e confermare quanto accennato prima: nessun pianeta del Sistema Solare ospita forme di vita intelligenti, a esclusione, naturalmente, della Terra. Potremmo sperare di trovare solo forme di vita primitive come batteri o, se siamo davvero for-

tunati, leggermente evolute come alcune piccole piante acqua-
tiche e, chissà, anche semplici crostacei.

Potrebbe non essere eccitante come le trasmissioni che par-
lano di alieni super intelligenti che svolazzano sui nostri letti e
sui campi isolati per creare perfetti cerchi, ma sarebbe già un
gran passo in avanti per le nostre conoscenze della realtà.

Se ci riferiamo ai principi e agli ingredienti necessari per massimizzare le probabilità di trovare forme di vita, almeno elementari, descritte nel capitolo precedente, allora appare evidente che la lunga lista dei possibili candidati debba essere
sfoltita, e anche di molto.

Mantenendo una certa elasticità sulle temperature, soprattutto
quelle più basse, e presto ne vedremo il motivo, per avere una
possibilità di trovare forme di silenziosi alieni batterici ci servono sicuramente corpi celesti rocciosi, meglio se dotati di un involucro atmosferico non troppo sottile.

Semplici considerazioni che ci fanno escludere istantaneamente Mercurio, la Luna, per ora Venere, tutti i pianeti gassosi, gli asteroidi e gli oggetti della fascia di Kuiper.

Quello che resta in effetti non è molto incoraggiante. Tra i pianeti l'unico superstite è Marte, neanche a farlo apposta.

Fortunatamente ci sono delle new entry tra la folta schiera di
satelliti naturali che potrebbero rivelare sorprese inaspettate. Il
primo è Titano, il maggiore dei satelliti di Saturno, ma con un
po' di flessibilità in più possiamo tirare dentro anche altre lune,
sebbene non soddisfino in pieno il criterio atmosferico: Encelado, altro satellite di Saturno, ed Europa, luna di Giove.

Data la relativa facilità con cui si può studiare in dettaglio questi corpi celesti, salvo sorprese improbabili sarà proprio nel
nostro Sistema Solare che presto troveremo la prova schiac-
ciante (sperando che ci sia!) di non essere soli nell'Universo.

Se non dovessimo trovare tracce di vita, avremmo comunque
guadagnato in conoscenza e compreso quali sono le condizioni e le caratteristiche per lo sviluppo dei processi biologici.

La vita è possibile su Marte?

Quando la sonda Mariner 4 giunse nei pressi del pianeta, buona parte della comunità scientifica sperava in fondo di trovare tracce antiche o presenti di civiltà evolute.

Marte, nonostante tutto, sembra avere le condizioni più simili alla Terra dell'intero Sistema Solare.

E in effetti, a leggere in modo apertamente pregiudizioso alcuni dati si potrebbe trasformare il pianeta in un nostro gemello. L'inclinazione dell'asse, molto simile alla Terra, garantisce le quattro stagioni che sperimentiamo anche noi. Nei pressi dell'equatore, in estate, la temperatura può superare i 20°C.

Le calotte polari sono composte da buone quantità di ghiaccio d'acqua, che sembra essere presente in grandi proporzioni anche nel sottosuolo ghiacciato, chiamato permafrost e tipico delle nostre regioni polari.

L'atmosfera, anche se tenue, contiene tracce di vapore acqueo sufficienti per generare nubi simili ai nostri cirri, formate da piccolissimi cristalli di ghiaccio d'acqua. Alcune riprese delle sonde Viking mostrano evidenti i segni di una gelata o addirittura una nevicata, quest'ultima confermata anche dalla sonda Phoenix giunta sul pianeta nel 2008.

Il telescopio spaziale Hubble ha scoperto dei veri e propri cicloni stagionali. Venti tesi a volte sferzano la superficie a più di 200 km/h. La rotazione attorno all'asse si compie in 24 ore e 37 minuti, sorprendentemente vicina alla durata del nostro giorno.

I rover sulla superficie e gli orbiter hanno infine scoperto rocce calcaree, argille, sedimenti depositati da grandi quantità d'acqua.

Se i dati fossero solamente quelli appena presentati, nessuno, neanche il più scettico, avrebbe dubbi sul fatto che il pianeta presenti condizioni ideali per la vita: abbiamo in effetti descritto anche una parte non trascurabile della superficie terrestre.

Il problema, però, è che il quadro appena fornito non è affatto completo.

65

Intanto l'atmosfera è estremamente più rarefatta della nostra, al punto da mostrare addirittura le stelle più brillanti in pieno giorno.

La temperatura media è di -68°C e a causa del sottile involucro gassoso le escursioni termiche tra giorno e notte sono estremamente marcate. Se nelle assolate giornate estive all'equatore si superano facilmente gli 0°C, di notte si scende rapidamente ben oltre i -50°C: un bel problema per la presenza di acqua liquida.

Trovare un liquido che possa fare da aggregante per le molecole organiche ed essere parte integrante di eventuali microrganismi è fondamentale, e a quella distanza dal Sole le leggi della fisica ci dicono che l'unico candidato possibile è proprio l'acqua. Resta da capire se c'è, o al limite c'è stata davvero.

Acqua nel presente di Marte?

Le indagini condotte dalle sonde possono sicuramente aiutarci a comprendere se nel presente questo importante liquido possa scorrere. E qui arriva subito una doccia fredda che in pochi forse si sarebbero aspettati: le condizioni di pressione e temperatura su Marte impediscono all'acqua pura di scorrere liquida sulla superficie, se non in zone molto limitate e per brevi periodi di tempo. Non c'è scampo, è la fisica che ce lo dice.

Tuttavia, sono sempre le stesse leggi termodinamiche a lasciarci un paio di vie d'uscita a questa situazione apparentemente senza scampo.

A cominciare dalla sonda Mars Global Surveyor, la prima che dall'orbita aveva la strumentazione per riprese in alta risoluzione, sulla superficie del pianeta rosso si sono cominciati a osservare dei piccoli canali da scolo lungo le ripide pareti di crateri o di alcune scarpate.

In poco più di dieci anni il loro numero è salito ad alcune centinaia.

Gli scienziati inizialmente pensavano si trattasse di antichi canali da scolo simili ai grandi letti di fiumi precedentemente osservati sulla superficie, sicuri del fatto che l'acqua liquida non potesse scorrere su Marte. Ben presto, però, Mars Global Surveyor riprese delle immagini che spiazzarono i planetologi di tutto il mondo e riaccesero le speranze sulla possibile esistenza di acqua liquida.

Le immagini riprese a distanza di pochi anni mostravano sensibili cambiamenti nella forma e nel materiale contenuto nei canali. Questo era un chiaro indizio che il fenomeno alla base della loro creazione fosse ancora attivo.

Negli anni successivi le sonde dell'ultima generazione, tra cui l'europea Mars Express e l'americana Mars Reconnaissance Orbiter, hanno ripreso centinaia di altri canali, in inglese denominati gully.

Se alcuni gully sembrano attivi, potrebbero essere causati dallo scorrere di acqua che si trova imprigionata nel sottosuolo e che a volte trova una via d'uscita sulla superficie?

Se fossero stati osservati sulla Terra non avremmo avuto alcun dubbio. Ma è bene ricordarsi che stiamo osservando fenomeni su un altro pianeta sensibilmente diverso dal nostro, per cui lasciarsi trasportare da una facile somiglianza potrebbe essere il modo migliore per cadere in inganno.

Un'immagine in alta risoluzione dei canali da scolo (gully) individuati su Marte e probabilmente generati da recenti fuoriuscite di acqua liquida.

C'è poi un problema che non possiamo di certo trascurare: l'acqua liquida sulla superficie di Marte avrebbe vita estremamente breve. Se potessimo aprire una bottiglia sul suolo marziano, questa esploderebbe violentemente perché il liquido inizierebbe a bollire in modo estremamente vigoroso, evaporando completamente in pochi secondi.

La situazione è simile a quando si getta acqua su una padella rovente usata per la frittura.

Se dovessimo trovarci in prossimità delle regioni polari, invece, la bottiglia congelerebbe quasi istantaneamente.

Se il liquido che crea i gully fosse acqua pura, non potrebbe mai percorrere le centinaia di metri di lunghezza dei canali alle latitudini cui sono stati osservati.

Ma allora, di quale liquido potrebbe trattarsi? E siamo proprio sicuri che debba trattarsi di liquido?

Nel 2009 gli scienziati dell'università dell'Arkansans hanno condotto una serie di esperimenti in laboratorio per comprendere se la sostanza che alimenta i gully possa essere composta da una miscela di acqua e sali.

Dopo molti tentativi è stata trovata la soluzione, semplice quanto efficace: il liquido misterioso potrebbe essere una specie di salamoia.

I sali disciolti nell'acqua ne alterano sensibilmente il punto di solidificazione; con la giusta concentrazione possono permetterle di esistere liquida anche nelle particolari condizioni marziane, sia pur per brevi periodi di tempo.

La salamoia non è stata generata con il classico sale da cucina ma con uno la cui presenza è stata rilevata in abbondanza sulla superficie di Marte: il solfato di ferro.

Quando l'acqua è mischiata alla giusta quantità di solfato di ferro può solidificare a ben -68°C sulla superficie di Marte, una temperatura compatibile con quelle registrate durante il giorno nelle zone interessate dal fenomeno.

Questo proposto, però, è solo un modello che cerca di replicare le osservazioni sulla distribuzione dei gully e sulle proprietà dell'atmosfera marziana, ma è ancora lunghi dall'essere provato. In effetti, parte dal principio secondo cui i canali siano generati necessariamente da un liquido. Se così fosse, non può che trattarsi di una soluzione di acqua e sali.

Una dettagliata analisi delle immagini riprese dalle più recenti sonde automatiche in orbita attorno al pianeta rosso, ha però seriamente messo in dubbio questo modello.

Ci sono molte domande alle quali non si trova una risposta convincente: perché l'acqua dovrebbe scorrere alle medie e alte latitudini, laddove si concentra la grande maggioranza dei gully, e non nelle più temperate zone equatoriali?

Com'è possibile che l'attività dei canali si manifesti solamente durante o al termine della stagione invernale, quando la temperatura è più bassa?

La forma dei nuovi canali è compatibile con lo scorrere di un liquido nelle condizioni marziane?

Recenti simulazioni al computer hanno dimostrato, purtroppo, che i gully, almeno quelli recenti e ad alte latitudini, sono probabilmente generati dal rotolamento di detriti in condizioni asciutte. La teoria attualmente più accreditata

Simulazione di come dovrebbe apparire un canale marziano generato dall'acqua (al centro) e da uno smottamento asciutto prodotto dalla sublimazione di anidride carbonica ghiacciata (a destra). Il confronto con un'immagine reale (a sinistra) non lascia molti dubbi.

prevede un ruolo centrale del ghiaccio secco. Durante gli inverni si deposita in discrete quantità al suolo. In prossimità di

69

pareti ripide può generare valanghe che trascinano a valle i detriti e creano i gully. È inoltre plausibile che sul finire dell'inverno il ghiaccio accumulato cominci a sublimare in conseguenza dell'aumento delle temperature, generando sbuffi di gas che producono piccoli smottamenti.

Certamente un duro colpo per tutti coloro che speravano nell'esistenza di acqua liquida sul pianeta rosso.

Non tutto comunque è perduto. Alcune immagini acquisite a latitudini minori mostrano un'altra famiglia di gully, la cui forma questa volta è compatibile con lo scorrere di acqua liquida in tempi geologicamente recenti. E questo, purtroppo, significa che l'acqua che ha generato questa seconda classe di canali sgorgava probabilmente circa un milione di anni fa.

È un po' frustrante e sconfortante pensare che basterebbe un'unica spedizione umana per risolvere questo e tanti altri misteri legati al pianeta rosso. Un astronauta che dovesse giungere nei pressi di un gully potrebbe raccogliere il terreno e analizzarlo, scoprendo in questo modo l'età e l'origine di questi misteriosi dettagli.

Un gully che sembra essere formato da acqua liquida, probabilmente sgorgata non più di un millone di anni fa.

Tutto questo, però, al momento non è nient'altro che un sogno irrealizzabile.

Dovremo continuare ad affidarci ai piccoli robot automatici per cercare di completare l'intricato puzzle sul pianeta più simile alla Terra che attualmente conosciamo in tutto l'Universo.

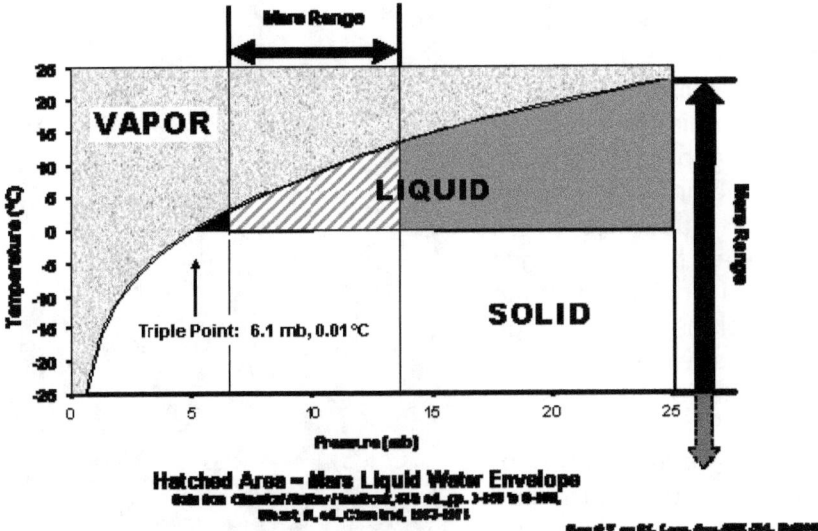

Hatched Area – Mars Liquid Water Envelope

In alcune zone di Marte, durante il giorno, l'acqua pura allo stato liquido può esistere, come dimostra questo diagramma di fase. Se fosse mischiata alle grandi quantità di sali rilevate in superficie, potrebbe resistere liquida anche per alcuni mesi a cavallo dell'estate in prossimità delle zone equatoriali.

Acqua nel passato di Marte?

Un mistero ancora più affascinante di Marte ruota attorno alla presenza di acqua liquida nel passato.

I dati ricevuti dalle prime sonde giunte sul pianeta, tra cui le gloriose Viking, hanno sollevato un problema di cui ancora se ne discute animatamente a distanza di oltre 30 anni.

Le immagini provenienti dalla superficie e dall'orbita hanno fornito numerosi indizi sul fatto che il pianeta un tempo fosse estremamente diverso dall'arido deserto attuale.

Oltre alle peculiari proprietà dell'emisfero nord, che potrebbero essere spiegabili anche con un gigantesco impatto che avrebbe rimodellato la superficie, nel dettaglio il suolo marziano è percorso da quelli che sembrano resti di decine di fiumi e grandi laghi, come quello riportato nell'immagine a destra.

Se infatti confrontiamo queste immagini con le situazioni familiari e più conosciute della Terra, gli indizi potrebbero addirittura trasformarsi in prove evidenti.

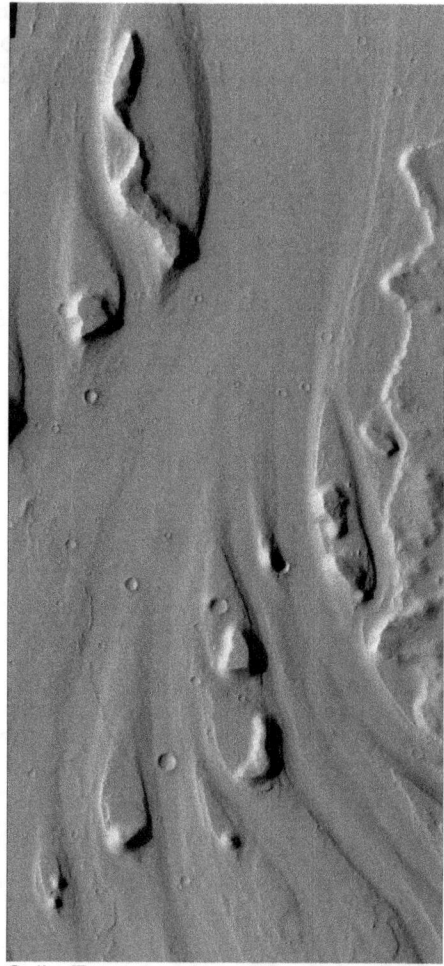

Sulla Terra questo sembrerebbe il letto prosciugato di un grande fiume. Può Marte aver sperimentato un periodo, miliardi di anni fa, ricco di acqua liquida?

Un fiume che scorre per lungo tempo nel suo letto modella la superficie, leviga le pietre, scava il terreno, muove la sabbia, genera valli e canyon. Molte sono le formazioni di questo tipo scoperte dalle sonde in orbita.

Il fatto che attualmente non vi sia acqua in questi probabili antichi letti, alcuni dei quali davvero giganteschi, è ciò che impedisce agli scienziati di essere certi della loro origine.

Perché così tanta incertezza?

Sostanzialmente perché la nostra analisi si basa solamente su una somiglianza visiva con le strutture geologiche che sulla Terra sono formate dallo scorrere dell'acqua. Siamo proprio sicuri, però, che non potrebbero esserci altri motivi, che attualmente ignoriamo, per cui su Marte si siano formate strutture simili senza dover per forza di cose considerare l'azione erosiva prodotta dal nostro familiare liquido trasparente?

La prudenza resta d'obbligo anche guardando un'immagine apparentemente eloquente come quella della pagina precedente, per un motivo molto semplice: le condizioni di pressione e temperatura sul suolo marziano attualmente impediscono all'acqua pura di esistere stabile allo stato liquido.

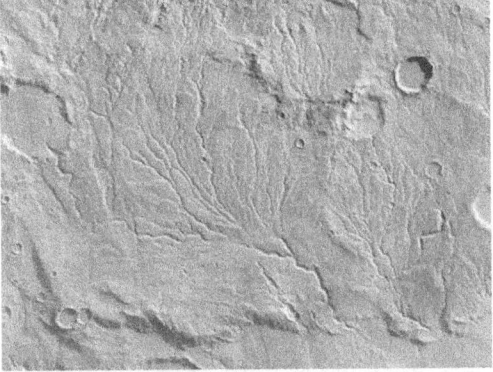

Presso i poli è congelata, alle basse latitudini può esserci solo sotto forma di vapore. Ammettere che quelle strutture siano letti di antichi fiumi, significa quindi rendere implicito che un tempo il pianeta rosso fosse profondamente diverso, molto più simile alla Terra.

Molti sono i segni lasciati da quelli che sembrano antichi letti di fiumi.

Dopo molti indizi raccolti dai rover Spirit e Opportunity a partire dal 2003, le prove definitive e schiaccianti sono ben presto arrivate dall'ultimo rover inviato sulla superficie, denominato Curiosity. Atterrato in quello che si pensava essere l'antico bacino di un lago, non ha dovuto faticare molto per trovare qualcosa che dimostrasse senza ombra di dubbio che un tempo l'acqua sulla superficie scorresse in grandi quantità e per tempi geologicamente rilevanti (più di un milione di anni). Nel fondo del cratere Gale, Curiosity ha trovato inequivocabili tracce d'acqua intrappolate nei minerali presenti in superficie (circa il 3%), uno strato argilloso sotto la polvere rossa e una serie di rocce che si formano solamente in presenza d'acqua. Quest'ultima scoperta, in particolare, è la pistola fumante per la presenza certa di grandi quantità d'acqua nel passato.

Curiosity ha infatti individuato una grande lastra di materiale formato dall'aggregazione di sabbia e pietre in seguito all'azione di un liquido che è poi evaporato lasciando asciugare il composto e dandogli la consistenza di una roccia friabile.

La consistenza di questo materiale è del tutto simile a un cumulo di sabbia grossa lasciato per qualche tempo sotto la pioggia e poi asciugato dal Sole. Siamo convinti che un aggregato del genere si forma solo in presenza di un liquido, e siamo altrettanto, forse anche di più, sicuri che il liquido non può che essere stato l'acqua per una mera questione di condizioni ambientali.

Cosa è successo a Marte?

Se su Marte c'era quindi acqua, non possiamo più tenere la testa sotto la sabbia sperando, sotto sotto che non fosse vero per non dover ammettere qualcosa di sconvolgente: un tempo il pianeta doveva essere profondamente diverso rispetto ai giorni nostri. E qui, come nelle migliori trame scientifiche, il mistero si infittisce perché di domande ne vengono fuori diverse, alcune delle quali di difficile risposta. Come doveva essere il pianeta un tempo? Perché è cambiato così tanto? Chi o cosa è stato il responsabile? E soprattutto, un tempo c'erano forme di vita?

La risposta a quest'ultima domanda la vedremo nel prossimo paragrafo e dipenderà criticamente da quello che andremo ad analizzare proprio ora, in particolare per quanto riguarda la durata del periodo propizio all'acqua sul pianeta rosso.

Considerando il livello di craterizzazione della superficie (un buon indicatore dell'età del terreno) si pensa che il periodo di massima floridità del pianeta possa essere collocato a circa 3,8 miliardi di anni fa.
Ma cosa c'era di diverso tanto tempo fa rispetto a ora? È possibile pensare a un cambiamento orbitale che abbia spostato il pianeta a una distanza diversa dal Sole, capace di provocare lo sconvolgimento climatico richiesto per far sparire l'acqua liquida e trasformare il pianeta in un immenso e arido deserto?
Questo possiamo escluderlo, perché le orbite dei pianeti sono stabili da oltre 4 miliardi di anni.
Compreso com'è tra Giove e la Terra, con la custodia della fascia principale di asteroidi, un eventuale spostamento orbitale di Marte avrebbe prodotto danni seri a se stesso e ai corpi vicini. La nostra esistenza è un'ottima prova che il pianeta rosso se ne sta lì buono dal tempo della sua formazione.
Possiamo cercare allora di incolpare il Sole, invocando inaspettati, quanto improbabili, cambiamenti nell'energia emessa.
C'è però un problema: se questo avrebbe radicalmente modificato Marte, perché invece la Terra non sembra essere stata toccata?
Dobbiamo allora cercare le cause del cambiamento in qualche proprietà intrinseca al pianeta.
Se le condizioni orbitali e di illuminazione solare sono rimaste quasi invariate, l'unica variabile resta l'atmosfera del pianeta.
Se un tempo l'acqua scorreva liquida e indisturbata, la superficie era sicuramente più calda e lo strato gassoso più spesso. In altre parole, l'atmosfera di Marte doveva essere profondamente diversa rispetto a quella attuale.

Affinché questo ragionamento cominci ad avvicinarsi alla realtà è necessario comprendere perché l'atmosfera è cambiata e cosa ne sia stata la causa.

Anche il gas, in effetti, obbedisce alla semplice forza di gravità e resta ancorato al pianeta a meno che una forza opposta e superiore non riesca in qualche modo a strapparlo via.

Conosciamo già molti corpi celesti senza un'atmosfera spessa, come la Luna e Mercurio, troppo piccoli e vicini al Sole per potersela permettere. Il caso di Marte è però più sottile, perché sembra averla persa per la strada un po' di tempo dopo la formazione.

Dopo decenni di ricerche e studi i nostri modelli sono concordi nel mettere sul banco degli imputati un solo imputato: il vento solare, aiutato dalla complicità di Marte stesso.

Cruciali si sono rivelate le osservazioni condotte dalla sonda Mars Odyssey in orbita attorno al pianeta. Con i suoi strumenti è riuscita a osservare una vera e propria evaporazione dell'atmosfera di Marte che continua ancora ai giorni nostri, operata proprio da parte del vento solare.

Anche la missione Curiosity ha trovato nei primi mesi del 2013 le prove che un tempo l'atmosfera fosse più spessa dell'attuale, attraverso l'analisi delle abbondanze isotopiche di alcuni elementi.

Sembra tutto enormemente complicato, ma non lo è.

Gli atomi di molti elementi, anche volatili come i gas atmosferici, sono formati da un numero di neutroni differente. Abbiamo già incontrato il deuterio, un isotopo della configurazione classica che prevede anche un neutrone nel nucleo.

Curiosity ha misurato nell'atmosfera di Marte un'anomala carenza di isotopi leggeri dell'Argon, un gas atomico molto stabile e per niente reattivo, che si può spiegare solo con il fatto che questi si siano dispersi più facilmente nello spazio a causa della minore massa. Secondo i calcoli, l'atmosfera di Marte un tempo era circa 10 volte più spessa dell'attuale, con una pressione pari al 10% di quella terrestre. Può sembrare poco, ma in realtà sarebbe stata più che sufficiente per l'esistenza stabile di grandi bacini d'acqua liquida (e per ospitarci in vacanza!).

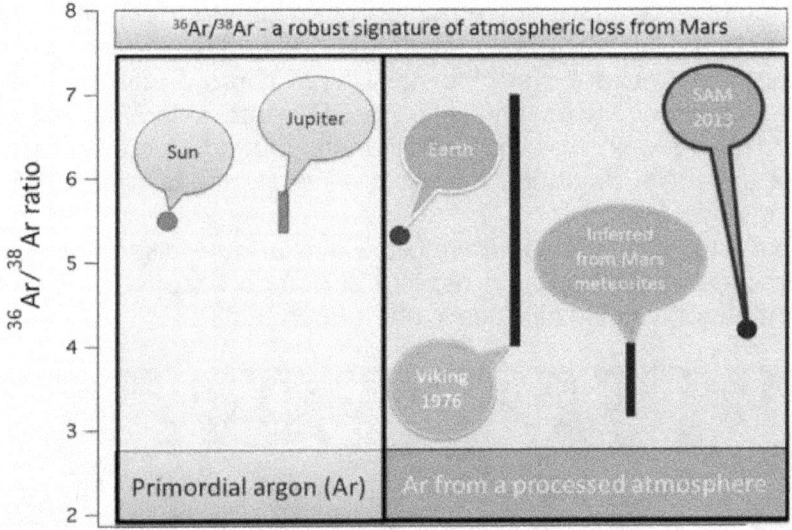

La carenza di isotopi leggeri di Argon nell'atmosfera di Marte, misurata dallo strumento SAM di Curiosity, costituisce una delle prove più importanti a supporto del fatto che gran parte dell'involucro gassoso si è perso nello spazio.

Il flusso di particelle cariche proveniente dal Sole, che quattro miliardi di anni fa si pensa fosse fino a 300 volte più intenso, viaggia nello spazio dei pianeti interni a circa 400 km/s e investe in pieno tutti i corpi celesti.
Se il nostro pianeta ha un campo magnetico in grado di bloccare e deviare le particelle e una massa cospicua che trattiene a se il gas con una forza elevata, Marte non possiede nessuna di queste due caratteristiche. Il motivo? È troppo poco massiccio: nove volte meno della Terra.
Il destino del pianeta rosso, secondo questo scenario, sembrerebbe essere stato scritto nel momento stesso della sua formazione.

La ridotta massa ha infatti ben presto dissipato tutto il calore nel nucleo, facendo spegnere (se mai ci fosse stato) il campo magnetico e lasciando via libera alle particelle solari che hanno potuto impattare liberamente contro gli strati più alti della sua atmosfera, ancorata in modo già precario alla superficie.

La conseguenza è stata inevitabile: nel corso di milioni e miliardi di anni, l'incessante spirare del vento solare ha eroso gran parte dell'involucro atmosferico, facendo precipitare la sua densità e rendendo impossibile l'esistenza di acqua liquida in superficie.

Il pianeta, quindi, si è ritrovato nel giro di due miliardi di anni completamente cambiato rispetto al mondo azzurro, probabilmente molto simile alla Terra, che era un tempo.

Probabile storia dell'acqua marziana. Da pianeta rigoglioso e molto simile alla Terra di un tempo, a causa della progressiva perdita dell'atmosfera Marte si è ritrovato in due miliardi di anni privo del suo mantello blu.

Se questo modello sembra funzionare ed essere supportato dai dati, ai fini della nostra indagine ci serve comprendere per quanto tempo l'acqua sul suolo marziano sia rimasta liquida e se le condizioni potessero essere sufficienti per lo sviluppo di semplici microrganismi.

La risposta, per ora, sembra affermativa, perché stiamo parlando di almeno un miliardo di anni. A questo punto la domanda seguente, che forse ci fa persino bruciare un po' le tappe, è: ora ci può essere vita su Marte? Sarà sopravvissuto qualcosa?

Poiché non vestiamo i panni degli astronomi ma di semplici appassionati che stanno facendo quattro chiacchiere, concediamoci questo lusso e arriviamo al nocciolo della questione; poi però, dovremo tornare un po' indietro.

C'è vita ora su Marte?

Una domanda da un milione di dollari, anzi, da qualche miliardo: questo è il costo di una complessa missione sul suolo del pianeta rosso in grado di rispondere senza più dubbi.

Prima di analizzare dati e risultati di alcuni esperimenti, meglio precisare (ancora) che tipo di vita si cerca.

È infatti esclusa la presenza di qualsiasi forma di civiltà intelligente, sia passata che tanto meno presente.

Quello di cui si discute seriamente tra la comunità scientifica è la presenza di vita a livello elementare, come batteri, alghe e in generale semplici organismi unicellulari.

Per comprendere meglio il quadro, partiamo da quello che osserviamo qui sulla Terra. Gli esperimenti e le scoperte susseguitesi negli ultimi decenni hanno dimostrato che anche alcuni organismi terrestri possono resistere e riprodursi sulla superficie di Marte.

Se il pianeta un tempo aveva le condizioni adatte per la nascita della vita, è possibile che qualche organismo di quei primordiali abitanti sia sopravvissuto agli enormi sconvolgimenti climatici succedutisi in miliardi di anni?

In altre parole: l'ambiente marziano attuale è sufficientemente proibitivo da aver sterminato tutta la vita che probabilmente popolava il pianeta?

Ufficialmente non lo sappiamo ancora, perché non abbiamo mai potuto provare la resistenza delle forme biologiche a sconvolgenti cambiamenti climatici, e perché non abbiamo la più pallida idea delle proprietà delle eventuali forme di vita dell'antico Marte.

Dalle esperienze terrestri, conosciamo però alcune forme di vita che non necessitano né di ossigeno, né di acqua e neanche di luce e possono addirittura sopravvivere alle rigide condizioni dello spazio aperto.

Tutte queste scoperte sorprendenti hanno fatto cambiare prospettiva agli scienziati: la vita ha tutte le carte in regola per poter essere qualcosa di più comune di quanto si potesse immaginare.

In questa nuova visione, le condizioni di Marte non appaiono poi così diverse rispetto a luoghi terrestri come l'Antartide, o alcune zone nel bel mezzo dei deserti più aridi del globo. Se la vita è possibile in questi posti sul nostro pianeta, perché non può resistere anche su Marte?

Il ragionamento non sembra essere errato dal punto di vista logico, ma la scienza ha bisogno di prove.

Ed è in questo caso che le cose si complicano terribilmente.

In linea di principio basterebbe raccogliere un campione di suolo marziano in una zona con le condizioni più favorevoli alla vita, da analizzare con un microscopio elettronico per scoprire se è popolato da batteri che si muovono e si riproducono.

Il problema, però, è che nessuno ha potuto raggiungere il pianeta rosso per raccogliere e riportare in un laboratorio biologico terrestre un campione di suolo, e nessuna missione automatica è mai riuscita a inviare verso la Terra una capsula contenente la preziosa polvere marziana.

Gli unici esperimenti sul suolo marziano sono stati effettuati sul luogo dalle sonde americane Viking negli anni 70.
Considerando però che l'equipaggiamento di un laboratorio biologico, soprattutto il microscopio elettronico, è impossibile da trasportare su una piccola sonda interplanetaria, i risultati di questi esperimenti sono ancora, a distanza di decenni, oggetto di aspre discussioni tra gli scienziati.

Gli esperimenti delle sonde Viking
Le sonde gemelle Viking, lanciate nell'agosto e nel settembre 1975 arrivarono su Marte nella prima metà del 1976 con un unico obiettivo: confermare o meno la presenza di vita microbica nel suolo del pianeta rosso.
A bordo disponevano di un laboratorio biologico che ospitava quattro esperimenti di diversa natura per cercare di rilevare tracce di vita.
La complessità delle missioni era il risultato di oltre venti anni di studi e programmazioni e rappresentava al tempo l'obiettivo più rischioso e ambizioso del genere umano, forse più dello sbarco sulla Luna dei primi esseri umani.
Questi erano gli esperimenti a bordo, poi tra breve vedremo i risultati e le sorprese:

1) Gascromatografo (GCMS): uno spettrografo di massa in grado di separare e analizzare i composti del suolo marziano attraverso il suo riscaldamento;
2) Scambio di gas (GEX): un apparato che avrebbe dovuto analizzare dei campioni di suolo sottoposti per qualche giorno a un'atmosfera di elio, il gas inerte per eccellenza. Se erano presenti forme biologiche, dopo qualche giorno avrebbero prodotto dei gas di scarto e "inquinato" l'atmosfera;
3) Rilascio della marcatura (Labeled Release, LR) era il più interessante, complesso e importante, il cuore di tutto l'apparato delle sonde Viking.

Campioni di suolo venivano raccolti a pochi centimetri sotto la superficie e sotto alcune rocce e separati in due piccole vaschette. In una erano riscaldati a 160°C, nell'altra no. Entrambi venivano poi innaffiati con una sostanza nutritiva a base di acqua e molecole organiche, del tutto simile alla composizione presunta del brodo primordiale dalla quale l'esperimento di Miller ha dimostrato la nascita della vita. Al posto del normale carbonio però, fu utilizzato l'isotopo radioattivo carbonio 14 che avrebbe svolto l'importante funzione di marcatore. Se eventuali attività biologiche si nutrivano da questa soluzione, avrebbero poi rilasciato molecole organiche di scarto (come il metano) contenenti proprio il carbonio 14, la cui rilevazione avrebbe quindi costituito la prova madre che qualcosa a livello biologico era successo;

4) Rilascio pirolitico (PI), un paio di strane parole per identificare un esperimento che si basava su un concetto in qualche modo contrario al precedente e serviva per mettere in luce eventuali microrganismi fotosintetici. Il suolo marziano veniva immesso in un ambiente che simulava l'atmosfera del pianeta, ma al posto del carbonio semplice venne utilizzato il carbonio 14 (ad esempio per l'anidride carbonica, che costituisce oltre il 90% dell'atmosfera). In questo modo gli eventuali processi fotosintetici avrebbero trasferito il carbonio 14 dall'aria al terreno. Dopo alcuni giorni l'aria veniva tolta, il suolo riscaldato a 650°C e le emissioni analizzate.

Esperimenti interessanti e ingegnosi, ma a noi interessano i risultati!

Dunque, quali furono gli esiti?

Senza troppi giri di parole, il più importante, quello del rilascio della marcatura, diede esito positivo, mentre gli altri, utilizzati come controllo, esito negativo.

Monitorando l'atmosfera dei campioni nell'esperimento LR ogni 16 minuti per diversi giorni, gli apparati delle sonde Viking rilevarono una continua produzione di carbonio 14, segno che qualche processo lo aveva liberato nell'atmosfera.

Ed è qui che il mistero si infittisce ancora di più. I campioni riscaldati non mostrarono alcuna risposta e anche gli altri esperimenti diedero sempre esito negativo. Inoltre, cosa non da poco, lo spettrografo di massa rilevò un'inspiegabile carenza di carbonio e composti organici nel suolo marziano, minore addirittura di quella presente sul desolato suolo lunare.

Era l'inizio di un mistero che sarebbe durato più di trent'anni.

Il braccio robotico delle sonde Viking prelevò campioni di suolo esposti al Sole e sotto una roccia per capire se contenevano forme di vita elementari. I risultati potrebbero essere sbalorditivi.

La risposta positiva dell'esperimento LR era da attribuire a forme biologiche, oppure si doveva dar retta ai controlli negativi e all'anomalia nella composizione chimica del suolo marziano, incolpando un falso positivo dovuto a qualche semplice reazione chimica non biologica?

A quel tempo le conoscenze dei processi biologici elementari terrestri non erano molto avanzate e quasi tutti liquidarono gli esperimenti come inconcludenti (nella migliore delle ipotesi) o negativi. Su Marte, quindi, sembrava non esserci vita, almeno non come la si conosceva a quel tempo.

La positività dell'esperimento LR venne spiegata attraverso delle semplici reazioni chimiche tra i costituenti del suolo marziano.

Nei successivi venti anni l'ideatore dell'esperimento, l'ingegnere Gilbert Levin e una sua collaboratrice, Patricia Ann Straat, non si diedero per vinti e cercarono di approfondire lo studio dei dati e riprodurre sulla Terra i risultati delle Viking.

Si scoprì che nell'esperimento LR il rilascio di carbonio 14 nell'atmosfera avveniva con un andamento periodico di 24,66 ore, sorprendentemente vicino alla durata del giorno marziano. Questo fenomeno, che in biologia è chiamato periodo cicardiano, può essere un forte marcatore di un'attività biologica regolata sui periodi di giorno e notte del luogo in cui vive.

Com'è possibile, però, che gli altri controlli diedero esito negativo?

Nel 2003 la scoperta di perossido di idrogeno nell'atmosfera sembrava confermare che la strana risposta dell'esperimento LR potesse essere prodotta proprio dalla reazione di questo gas (meglio conosciuto come acqua ossigenata), i cui legami si sarebbero rotti sopra i 100°C, giustificando l'esperienza negativa con il campione riscaldato.

Nel 2008 la sonda Phoenix ha invece sparpagliato le carte e chiarito un paio di punti molto delicati.

Nel suolo marziano ha rilevato una grande quantità di composti chiamati ioni perclorati, dei complessi che a temperature superiori ai 100°C reagiscono con le molecole organiche formando altri composti chiamati clorometano e diclorometano. Il caso volle che questi erano presenti anche nei prodotti utilizzati per pulire la strumentazione delle Viking a Terra prima della partenza, così che la loro rilevazione negli esperimenti venne attribuita a residui terrestri.

In realtà non era così: i composti rilevati erano il risultato dell'interazione e trasformazione delle molecole organiche con gli ioni perclorati. Questo spiegava quindi perché il suolo marziano fosse risultato povero di molecole organiche: lo spettrometro di massa lo riscaldava e distruggeva le prove che voleva misurare. E come se non bastasse, la sua sensibilità effettiva era piuttosto modesta: avrebbe potuto rilevare dei batteri marziani solamente se la loro concentrazione fosse stata superiore a 10 milioni ogni grammo di suolo, una soglia troppo alta anche per molti ambienti terrestri.

Con la scoperta dei perclorati si spiega anche perché i campioni riscaldati dell'esperimento LR non mostrassero alcuna produzione di carbonio 14: eventuali microrganismi erano stati distrutti.

L'esito negativo dell'esperimento sul rilascio pirolitico non era mai stato un problema perché indicava semplicemente la probabile assenza di grandi colonie di microrganismi fotosintetici.

Con un lavoro iniziato nel 2005 e terminato nel 2012, Levin e un gruppo di ricerca internazionale, tra cui il biologo italiano Giorgio Bianciardi dell'università di Siena, hanno continuato gli esperimenti sul suolo terrestre e sviluppato dei modelli matematici in grado di spiegare le risposte delle Viking.

I risultati sono stati sbalorditivi: le esperienze in laboratorio con particolari campioni di suolo terrestre contenenti microrganismi hanno riprodotto fedelmente i dati di tutti gli esperimenti. Le analisi attraverso i modelli matematici hanno inoltre confermato la presenza di un periodo circadiano nel rilascio di carbonio 14 dei campioni marziani e un'impronta biologica marcata.

La conclusione, estremamente probabile e forse più semplice del previsto, è stata scontata: su Marte c'è (probabilmente) vita, le sonde Viking l'avevano rilevata già nel 1976.

Sfortunatamente tutte le sonde delle successive generazioni inviate sul suolo marziano non hanno più avuto gli apparati necessari per approfondire la questione, e non si spiega neanche il motivo per cui alla NASA non abbiano mai inserito un piccolo microscopio. I biologi si sarebbero accontentati anche di uno strumento non troppo potente, poco più che un giocattolo, che sarebbe sicuramente stato molto utile per vedere direttamente questi presunti batteri e scoprire le loro proprietà, perché se somigliassero ai nostri terrestri, allora ci sarebbero da fare molte altre domande, che noi ci poniamo lo stesso.

E se fossimo stati noi?

Giusto perché godiamo nel complicarci la vita, possiamo analizzare anche un altro scenario che prevede l'esistenza di microrganismi nel suolo di Marte, che per certi versi potrebbe
sembrare come minimo inquietante, ma perfettamente nelle
corde della nostra civiltà.

La domanda è semplice, ma vale la pena ripeterla prima di
spiegarla meglio: e se fossimo stati noi?

Se la rilevazione di microrganismi da parte del laboratorio delle sonde Viking abbia dato esito positivo perché quei minuscoli
batteri erano già a bordo della sonda stessa, magari nascosti
anche nel braccio robotico che ha prelevato il campione?

Questa che sembra più una fantasiosa ipotesi è invece al
momento una delle teorie più gettonate: una contaminazione
planetaria da parte dell'uomo, che inavvertitamente ha introdotto organismi terrestri in un pianeta che era completamente
sterile. Sarebbe di certo il primo caso della storia in cui la stu-
pidità (perché di questo si tratta) di noi esseri terrestri abbia
varcato i confini del pianeta e messo a repentaglio un ambiente che per miliardi di anni ha vissuto la sua storia in modo totalmente indipendente.

Considerazioni "filosofiche" a parte, è possibile dal punto di vista prettamente fisico un'eventualità del genere? E, ammesso
che fosse successo davvero, batteri terrestri possono sopravv-
vivere al clima marziano e contaminare l'intero pianeta?

La risposta alla prima domanda è purtroppo positiva.

Benché tutte le sonde dirette sulla superficie del pianeta rosso
siano state sterilizzate per ridurre al minimo i microscopici batteri, è certo che questi non siano stati eliminati del tutto. E
d'altra parte appare molto più improbabile il contrario, considerando che la vita qui è presente ovunque: come sarebbe possibile eliminare qualsiasi traccia biologica in un manufatto pesante più di una tonnellata, grande come una macchina e contenente chilometri di cavi, decine di cavità nascoste e materiali
porosi che possono ospitare benissimo minuscole colture di
batteri?

Non è né pensabile, né possibile.

Però si potrebbe immaginare quello che un po' tutti gli scienziati hanno fatto: un viaggio nello spazio aperto della durata di diversi mesi è la garanzia più forte che quell'astronave giungerà completamente sterilizzata sulla superficie marziana.

Le cose, però, non stanno proprio in questo modo. Il problema è che ce ne siamo accorti decenni dopo l'invio delle sonde verso Marte.

Numerosi esperimenti condotti a bordo delle stazioni spaziali sembrano confermare quello che sembrava un assurdo logico.

Il più spettacolare fu eseguito tra il 2009 e il 2010 e diede risultati impressionanti: alcuni microbi della birra(!) sono sopravvissuti per oltre 500 giorni allo spazio aperto, in assenza di gravità e pressione, con enormi sbalzi di temperature (da +120°C a -100°C), senza una goccia d'acqua. Come abbiano fatto ancora non lo sappiamo, ma resta il fatto che ci siano riusciti.

Ci sono altri batteri che nello stato di spore possono sopravvivere per anni (forse milioni!) alle rigide condizioni dello spazio aperto, senza aver bisogno di ossigeno, acqua e lo schermo offerto dall'atmosfera terrestre.

La vita, insomma, almeno quella elementare, è molto più coriacea di quanto non sembri.

Nascosti negli anfratti di qualche cavità, magari al riparo dalla luce diretta del Sole, microrganismi semplici possono aver superato senza particolari avversità la traversata Terra-Marte e aver contaminato quindi il suolo del pianeta rosso.

Il trasporto di materiale organico o addirittura vivente è qualcosa di inevitabile anche ai giorni nostri. Curiosity, ad esempio, ha rilevato nel suolo marziano tracce di molecole organiche ma bisogna ancora capire se siano composti provenienti dal suolo o dal rover stesso.

Prima di gridare alla contaminazione però, almeno dal punto di vista dei microrganismi (le molecole organiche non sono vita e sono sparse un po' ovunque nel Cosmo), abbiamo un altro controllo di sicurezza che potrebbe farci dormire sonni tranquilli: è possibile che dei batteri terrestri sul suolo marziano riescano pure a riprodursi? Non è più probabile che le condizioni avverse impediscano il proliferare di una specie aliena che si è evoluta su un pianeta molto diverso?

La risposta è sorprendente: ci sono batteri terrestri che possono sopravvivere e riprodursi anche nell'ostile ambiente marziano.

Queste vicende fanno capire ancora una volta quanto poco conosciamo delle attività biologiche presenti sul nostro pianeta: siamo dei bambini piccoli che non possono fare a meno di guardare troppo oltre le proprie possibilità, ignorandone le conseguenze possibili.

Alcune colonie di batteri raccolte dai ghiacci siberiani nel sottosuolo (permafrost), appartenenti alla stessa famiglia dei microrganismi presenti nella carne surgelata, possono effettivamente prosperare alle temperature e pressioni marziane.

Sul finire del 2012 un altro gruppo di studio dell'università della Florida ha fatto una scoperta estremamente importante. Isolando microrganismi che si trovano comunemente anche nelle sonde dirette verso Marte, li hanno sottoposti alle condizioni del pianeta rosso. I batteri denominati *Serratia Liquefaciens* sono sopravvissuti e si sono riprodotti a una temperatura di zero gradi e una pressione di soli 7 millibar. Il problema è che questo batterio vive tranquillamente qui sulla Terra a livello del mare e a temperature miti; si può trovare sulla pelle umana, nei capelli, persino nei polmoni e nel pesce: insomma, un insospettabile inquilino del nostro corpo.

Ma anche i batteri scoperti nella stratosfera terrestre nel 2009, denominati *Janibacter hoylei*, vivono a pressioni, temperature e condizioni di radiazione solare simili alla superficie di Marte e hanno imparato a "volare" trasportati dai venti. E nulla ci dice che questo sia possibile solamente qui.

Se simili batteri fossero stati trasportati sin dalle prime sonde e avessero trovato dei posti migliori al riparo dalle tempeste solari (sotto una roccia ad esempio, o pochi centimetri nel sottosuolo), allora potrebbero aver avuto qualche possibilità di prosperare.

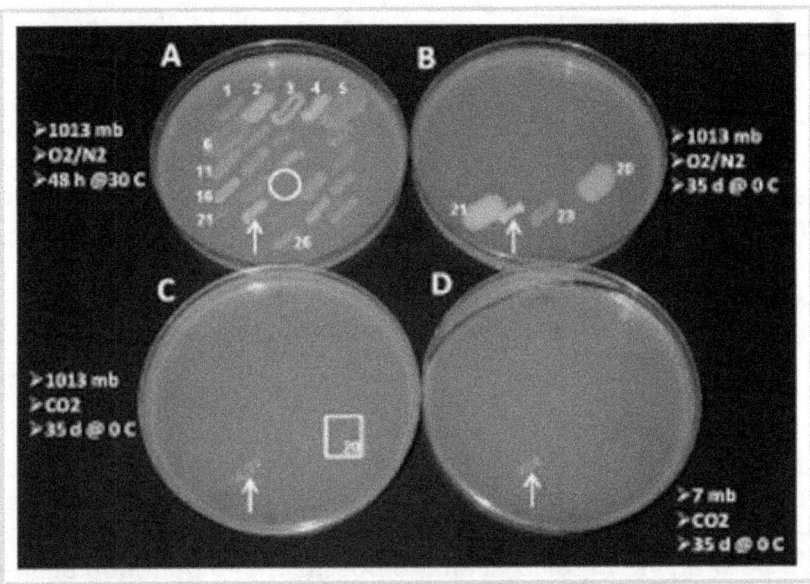

Test per la resistenza di alcuni microbi terrestri presenti anche nelle sonde automatiche inviate su Marte a diverse condizioni. Il Serratia Liquefaciens è sopravvissuto alle temperature e alle pressioni marziane, contrariamente a quanto si pensava. Questo è un batterio molto comune sulla Terra e popola persino i nostri corpi. Potrebbe essere stato trasportato dalle sonde dirette su Marte e aver contaminato il pianeta?

Le missioni giunte sulla superficie polverosa del pianeta rosso sono diverse, sebbene molte, soprattutto sovietiche, si siano schiantate disintegrandosi. Trasportati dai venti, questi batteri potrebbero in linea del tutto teorica (ma perfettamente plausibile) aver colonizzato Marte, contaminandolo con materiale proveniente dalla Terra.
Si è effettivamente verificato uno scenario del genere?
È plausibile e probabile, ma ancora non sappiamo se è effettivamente avvenuto e in quale misura. Con le recenti scoperte abbiamo delle sensazioni che ci suggeriscono che la vita elementare ha una gran voglia di prosperare ed è abituata a farlo in qualsiasi tipo di ambiente. Se c'è una possibilità, anche minima, è certo che ci riesca.

Che batteri di questo tipo siano stati portati sul pianeta rosso non dovrebbero esserci dubbi. Questa che può sembrare una cosa estremamente stupida, in realtà nasconde solamente la nostra grande ignoranza in tema di processi biologici. In effetti ancora non conosciamo a sufficienza nemmeno tutte le specie batteriche presenti in natura, figuriamoci se abbiamo un'idea precisa su quali siano le condizioni necessarie affinché possano proliferare su mondi alieni.

Questa branca della scienza è relativamente giovane, sicuramente più delle missioni spaziali verso Marte e solamente ora, con molte difficoltà, riesce a farci prendere coscienza della leggerezza che è stata commessa inviando materiale contaminato su un pianeta che stava vivendo la sua personalissima storia.

Probabilmente abbiamo cambiato involontariamente l'evoluzione di Marte, o forse solo accelerata.

C'è però anche un altro scenario possibile che potrebbe alleggerire non poco la nostra coscienza, perché le nostre astronavi non sono stati i primi manufatti contaminati da batteri giunti sul pianeta rosso.

E se fosse stato Marte?

Lo scambio di informazioni tra Marte e la Terra potrebbe essere molto più antico, duraturo e invadente di quanto prodotto dalle nostre sonde automatiche.

Per comprendere come due pianeti distanti 56 milioni di chilometri possano scambiarsi informazioni senza la presenza di esseri intelligenti, dobbiamo guardare in casa nostra.

Tra le migliaia di meteoriti ritrovate sulla superficie della Terra, sono oltre 100 quelle che hanno un'impronta unica e diversa rispetto agli asteroidi della fascia principale.

La composizione chimica di queste rocce è uguale a quella della superficie di Marte, e la composizione dell'aria intrappolata è identica a quella atmosferica. Si tratta di meteoriti che un tempo costituivano rocce del pianeta rosso.

Com'è possibile tutto questo?

Con una dinamica che potrebbe sembrare rocambolesca, ma che invece è stata più frequente di quanto ci si aspetti.

Quando un meteorite di grandi dimensioni (uno o più chilometri) colpisce Marte, fa schizzare a grande velocità pezzi della superficie del pianeta, rocce di diverse dimensioni che potrebbero avere una velocità sufficiente per uscire dall'atmosfera e dal campo gravitazionale. Questi diventano meteoriti a tutti gli effetti, solamente che non sono più gli antichi massi generatisi al tempo della formazione del Sistema Solare, ma prodotti di una superficie planetaria modificati da una storia molto diversa. Data la vicinanza tra Marte e la Terra, alcuni di questi meteoriti "secondari" sono precipitati sul nostro pianeta. A oggi queste sono le uniche rocce marziane che possediamo e che quindi è possibile analizzare in modo approfondito.

Tra poco vedremo quali sono le caratteristiche e le sorprese che sono state scoperte in questi massi, perché è intuitivo che se su Marte un tempo c'era la vita, questa possa essere contenuta, almeno sotto forma di fossili, nei meteoriti marziani.

Non è questo però quello che ci interessa al momento.

Soffermiamoci per un attimo sulla dinamica della carambola cosmica e proviamo a fare un gioco logico che prevede di cambiare punto di vista, magari rovesciando la situazione.

Se Marte ci ha inviato meteoriti, è possibile che anche la Terra abbia fatto lo stesso? Cosa impedisce a un grande asteroide che colpisce il nostro pianeta di far schizzare nello spazio pezzi di rocce terrestri che poi, dopo migliaia o milioni di anni di pellegrinaggio nello spazio, precipitano su Marte?

La risposta è ovvia: niente.

Se conosciamo meteoriti provenienti da Marte, è indubbio che su Marte, da qualche parte, esistano altrettanti meteoriti provenienti dalla Terra, risalenti un po' a tutte le ere geologiche: dal grande bombardamento subito 3,5 - 4 miliardi di anni fa ai più recenti, magari anche a seguito di quello che ha estinto i dinosauri (l'ultimo impatto devastante conosciuto).

Se la vita elementare sulla Terra esiste da almeno 3,8 miliardi di anni, questo implica senza ombra di dubbio che i meteoriti terrestri su Marte abbiano per forza di cose trasportato forme di vita: è una certezza.

Ci sarebbe naturalmente da discutere in merito alla sopravvivenza di organismi biologici in queste condizioni, soprattutto per quanto riguarda le violente fasi della creazione del meteorite e del successivo impatto su Marte, ma in rocce relativamente grandi, nascoste nelle profondità, queste coriacee tracce biologiche potrebbero essere sopravvissute senza particolari problemi, come hanno provato alcuni esperimenti effettuati su rocce terrestri e buone quantità di esplosivo.

Secondo questo scenario, se contaminazione c'è stata, questa potrebbe essersi verificata ben prima che l'uomo comparisse e fosse in grado di mandare astronavi nello spazio. Menomale, ora stiamo un po' meglio!

La storia biologica di Marte e della Terra potrebbe essere più intrecciata di quanto sembri, perché sicuramente i due pianeti si sono scambiati milioni di tonnellate di rocce nel corso di miliardi di anni.

E allora, per concludere in bellezza aumentando l'incertezza e il mistero, facciamoci una domanda: chi ha contaminato chi?

La Terra primordiale, molto più massiccia e grande, si è probabilmente raffreddata più lentamente di Marte. L'impatto violento con quel pianeta primordiale che ha poi generato la Luna ha rallentato lo sviluppo di condizioni adatte alla vita di qualche altro milione di anni.

Se il più piccolo e freddo Marte ha quindi sperimentato condizioni biologiche prima della Terra, è probabile che i primi microrganismi siano nati proprio qui.

E se i meteoriti marziani avessero inseminato la giovane e ancora desertica Terra delle prime forme di vita?

Se un giorno trovassimo dei microbi marziani fossilizzati più antichi di quelli terrestri e sorprendentemente simili, non ci sarebbe da stupirsi poi più di tanto... Potremmo averlo già fatto?

Le meteoriti marziane: tracce di vita passata?

Degli oltre 61.000 meteoriti rinvenuti sulla Terra fino a questo momento (maggio 2013) 114 sono il risultato di quella carambola cosmica apparentemente assurda che ha portato pezzi di Marte fin qui in modo del tutto gratuito.

Le meteoriti marziane rinvenute appartengono a ere geologiche estremamente diverse, così che dal loro accurato studio possiamo sicuramente far miglior luce sull'evoluzione del nostro vicino cosmico.

E di indizi più o meno forti a supporto della vita ne abbiamo.

Tutti i meteoriti ritrovati contengono tracce di acqua, una quantità che cresce con l'aumentare dell'età delle rocce, confermando il modello di un pianeta un tempo molto più umido. La roccia denominata NWA 7034, ritrovata nei primi giorni del 2013 contiene circa 10 volte più acqua di tutti i meteoriti marziani finora scoperti. Il meteorite si sarebbe formato 2,1 miliardi di anni fa, da rocce poste probabilmente sul fondo di un antico lago.

La star dei meteoriti marziani è indubbiamente ALH 84001, staccatosi dal pianeta circa 16 milioni di anni fa e precipitato in Antartide appena 13.000 anni addietro. Attente osservazioni attraverso un microscopio elettronico a scansione nel 1996 hanno rilevato al suo interno tracce di quelli che subito si pensarono essere batteri fossilizzati.

La notizia del possibile ritrovamento di antiche tracce di vita su Marte fece così scalpore che persino il presidente degli Stati Uniti, Bill Clinton, fece una conferenza stampa sottolineando quanto importante fosse quel momento per l'intera umanità.

In realtà i mass media cavalcarono e ingigantirono a dismisura tutto quanto, come al solito.

Come accade spesso quando c'è da confermare qualcosa di straordinario, ulteriori analisi fecero propendere gli scienziati del tempo verso una risposta più prudente. Se il meteorite mostrava tracce di vita (cosa da confermare), era probabile fosse dovuta a una contaminazione da parte dell'ambiente terrestre.

L'avvincente attimo di gloria di ALH 84001 si dissolse in breve tempo come neve al Sole, soprattutto tra l'opinione pubblica che di colpo smise di parlare di questo interessantissimo pezzo di roccia.

All'ombra dei riflettori (e questo è sempre un bene!), studi e ricerche proseguirono, perché nell'aria serpeggiava sempre la stessa roboante domanda, quel dubbio che non faceva dormire la notte molti scienziati: e se non sapessimo riconoscere la vita neanche quando ce l'abbiamo palesemente di fronte a noi, solo perché comprendiamo ancora troppo poco dei processi biologici?

Finalmente tra il 2009 e il 2011 sembra essere stato scritto un importante capitolo che potrebbe darci qualche elemento in più per decidere cosa rappresentino veramente quei piccoli vermi comodamente adagiati sulla roccia marziana.

Un gruppo di studio della NASA è arrivato alla conclusione che quei filamenti possano effettivamente rappresentare antichissime tracce di vita. I composti trovati indicano che la roccia ha passato molto tempo in un ambiente umido, a una temperatura media di circa 18°C (di certo, quindi, non in Antartide!).

Alcune anomale concentrazioni nei pressi dei presunti fossili potrebbero rappresentare i prodotti di scarto di un'antichissima flora batterica.

A stupire maggiormente la datazione più precisa dei presunti fossili: 4 miliardi di anni. Se quelle ritrovate sono tracce biologiche, significa allora con buona probabilità che la vita su Marte si è sviluppata prima che sulla Terra, proprio come detto del tutto ipoteticamente qualche pagina addietro.

Questi numeri ci dicono allora due cose, una più sorprendente dell'altra:

1) La vita per nascere non ha bisogno di molto tempo dopo la formazione di un pianeta adatto a ospitarla;

2) I meteoriti marziani, precipitati sulla Terra sin dagli albori del Sistema Solare, potrebbero aver contaminato un ambiente ancora sterile nel quale i processi biologici erano in ritardo di almeno 100 milioni di anni rispetto al

pianeta rosso. Non sappiamo se i primitivi microrganismi marziani possano aver innescato la nascita della vita sul nostro pianeta o il processo era già in pieno svolgimento e inarrestabile, ma è affascinante pensare che le nostre primordiali origini potrebbero essere legate a un pianeta distante decine di milioni di chilometri.

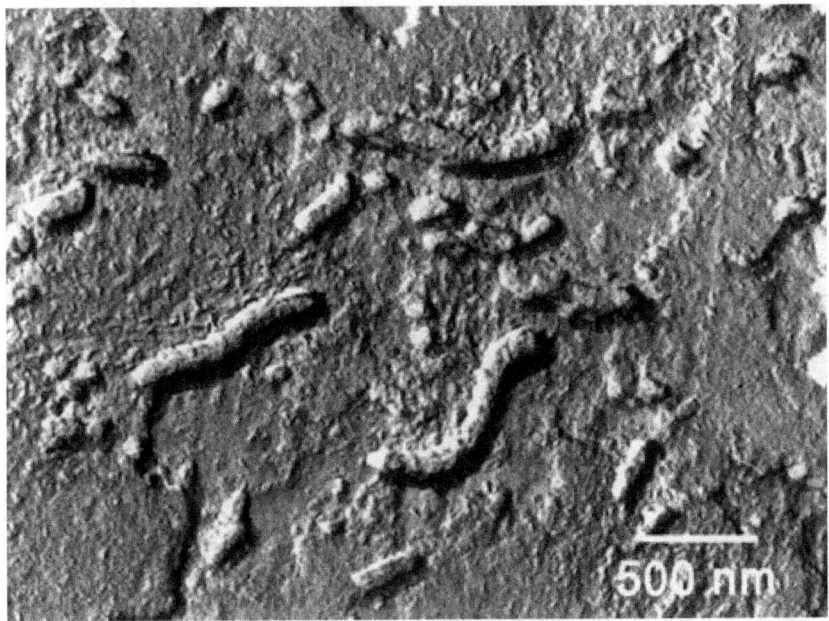

I presunti batteri fossili trovati nel meteorite marziano ALH 84001 risalenti a 4 miliardi di anni fa.

Insomma, c'è o c'è stata vita su Marte?

Al termine di questa lunga disamina di Marte e del mistero della vita, quali sono le conclusioni?

La sensazione, forte, sulla quale non tutti potrebbero essere d'accordo, è che forse la vita l'abbiamo già trovata ma abbiamo troppi dubbi per ammetterlo con la necessaria forza.

Indagini condotte con metodi diversi, in luoghi e tempi differenti, portano sempre alle stesse conclusioni e questo non è di certo un caso.

Forse non disponiamo della cosiddetta "pistola fumante", cioè di una o più prove inoppugnabili. Forse, però, siamo noi a essere un po' troppo prudenti in questo campo. In effetti, se avessimo trovato tutti questi indizi sulla Terra, tutti sarebbero stati concordi nell'affermare che fossero tracce di vita.

Tutto quello che stiamo faticosamente e lentamente capendo porta in una stessa direzione che si basa su un punto ormai fermo: su Marte c'era una grande quantità d'acqua liquida, quindi la vita ha sicuramente trovato il modo di nascere in poco tempo.

Poi, quello che è successo da 3 miliardi di anni a questa parte ha sicuramente impedito un'evoluzione come quella che c'è stata sul nostro pianeta, un cammino che questa volta appare molto lungo e irto di ostacoli insormontabili. Con gli sconvolgenti cambiamenti climatici subiti, i microbi non hanno potuto far altro che cercare di sopravvivere, rimandando a un tempo infinito nel futuro qualsiasi velleità inconscia di evoluzione.

Il breve paradiso marziano di miliardi di anni fa potrebbe essere stato sufficiente per far sopravvivere fino ai giorni nostri quelle antichissime specie.

I nuovi risultati degli esperimenti delle sonde Viking sembrano offrire una solida base d'appoggio.

Il ritrovamento di canali acquiferi prosciugati da non più di qualche milione di anni e di caverne sotterranee al riparo dal freddo della notte e dalle radiazioni solari sono indizi che il pianeta, al di sotto del suo inospitale (per tutti?) clima desertico, ha probabilmente ancora alcuni assi nella manica da giocare. Se nel sottosuolo sembra ancora scorrere acqua liquida e abbonda il ghiaccio già a pochi centimetri dalla superficie, allora questa potrebbe rappresentare la speranza alla quale i piccoli microbi si sono aggrappati nella dura lotta per la sopravvivenza. È sufficiente schermare in qualche modo le radiazioni solari sul lungo termine per garantirsi un'esistenza tutto sommato tranquilla.

La conclusione, quindi, ritornando alla prudenza che impone la scienza, potrebbe essere la seguente: se non trovassimo conferma di tracce microbiche su Marte, almeno nel passato, sarebbe sicuramente un risultato davvero sorprendente.

Vita primitiva altrove nel Sistema Solare?

Le scoperte marziane e una migliore comprensione della biologia terrestre hanno cambiato drasticamente il nostro punto di vista in merito alle proprietà della vita elementare.

Se gli ingredienti fondamentali sono davvero solo un po' d'acqua (anche tracce), degli atomi molto abbondanti (idrogeno, carbonio, azoto), un precario riparo dalle tempeste solari più violente (basta anche solo trovarsi nel lato notturno del pianeta quando arriva la tempesta) e una fonte qualsiasi di energia (chimica, elettromagnetica, gravitazionale), allora potremmo sperare di trovare minuscoli batteri anche in altri luoghi del Sistema Solare.

Titano, Encelado e soprattutto Europa hanno qualcosa in comune: possiedono grandi riserve d'acqua, ghiacciata in superficie, liquida nelle profondità.

Le più grandi riserve di acqua liquida si trovano su Europa e Titano. La Terra, in confronto, sembrerebbe quasi un arido deserto.

Negli oceani di Europa?

Negli ultimi anni Europa è diventato il corpo celeste più interessante e ha distolto un po' le morbose attenzioni e aspettative che si riversavano su Marte.

Per scoprire i motivi di questo inaspettato cambio di rotta è sufficiente osservare attentamente la particolare superficie. Quasi del tutto priva di crateri e montagne, è per forza di cose relativamente giovane e ricoperta da un materiale molto riflettente e apparentemente mobile. I dettagli che più hanno attirato l'attenzione sono però delle lunghissime striature di diverso colore che solcano la superficie del satellite in lungo e in largo. Questa peculiarità rappresenta sicuramente la prova definitiva di un'attività geologica attuale.

Le lunghe cicatrici sembrano essere delle linee di frattura della crosta composte in gran parte da ghiaccio d'acqua!

A causa dell'influenza mareale di Giove, abbiamo scoperto che sotto lo strato ghiacciato, dallo spessore di qualche decina di chilometri, si dovrebbe celare un'enorme riserva di acqua liquida.

Un grande oceano al riparo dal freddo e dai pericoli dello spazio, alimentato dal calore delle maree gioviane, potrebbe rivelarsi il luogo perfetto per lo sviluppo di alcune semplici forme di vita.

Ma come abbiamo fatto a comprendere l'esistenza di un oceano nascosto senza mai poterlo osservare?

In modo relativamente semplice.

La disposizione e il numero di quelle strane cicatrici superficiali è infatti compatibile con un modello di crosta isolata e galleggiante sul nucleo. Questo isolamento meccanico gli consente di muoversi a una velocità diversa rispetto al resto del satellite, compiendo, si stima, un giro in più ogni 10.000 anni.

La quantità di acqua contenuta nell'oceano sotto la crosta di Europa, profondo probabilmente oltre 100 chilometri, è addirittura due volte superiore al contenuto di tutti gli oceani e i mari terrestri, nonostante il nostro pianeta sia 4 volte più grande!

L'assenza di radiazione solare non rappresenta un problema, anzi, la protezione della crosta evita i pericoli di un'esposizione diretta allo spazio, al vento solare e ai raggi ultravioletti più pericolosi (sotto i 300 nm di lunghezza d'onda).

Molte specie marine che popolano i nostri fondali oceanici si sono addirittura evolute nel buio più assoluto, sviluppando ingegnosi sistemi per il loro sostentamento e per vedere dove non arriva neanche un briciolo di luce solare.

I nostri fondali oceanici, in effetti, rappresentano un ambiente del tutto alieno proprio qui sul pianeta che pensiamo di conoscere molto bene, e potrebbero essere sorprendentemente vicini alle condizioni presenti negli oceani oscuri di Europa.

La scoperta più entusiasmante è arrivata nel 2010: l'oceano sotterraneo di Europa conterrebbe abbastanza ossigeno da ospitare tranquillamente la vita di milioni di tonnellate di pesci terrestri.

Questo naturalmente non significa che ci siano effettivamente specie marine; però è indubbio che le condizioni sembrerebbero molto simili alle nostre fosse oceaniche.

L'ossigeno non è di certo indispensabile per i processi biologici elementari (anzi, è dannoso agli inizi dell'evoluzione), ma è una solida base per poter sperare di trovare forme di vita più complesse.

Lo studio di un gruppo di ricercatori dell'università dell'Arizona si è spinto anche più in là, perché il successivo dubbio potrebbe essere decisivo: se nel grande oceano c'è ossigeno a sufficienza per i processi biologici più complessi, l'isolamento dalla crosta impedirebbe la sua rigenerazione, consumandosi nel corso di pochi milioni di anni.

La risposta arriva dall'analisi dell'età della crosta superficiale, che restituisce un valore attorno a 50 milioni di anni, vale a dire appena l'1% dell'età del Sistema Solare.

Probabilmente, in modo non molto dissimile ai moti convettivi che sulla Terra spostano i continenti, i movimenti della grande massa d'acqua sotterranea di Europa rimescolano continuamente il materiale superficiale, che a intervalli regolari viene rigenerato. La causa di tutto questo è da ricercare nel vicino Giove, che produce una forza di marea circa 1000 volte più intensa di quanta ne eserciti la Luna sulla Terra.

È in questo modo che avviene il continuo ricambio di ossigeno; le preziose molecole si formano in superficie dalla scissione del ghiaccio in perossido di idrogeno (acqua ossigenata) da parte della grande quantità di radiazioni a cui è sottoposta a causa dell'orbita all'interno del campo magnetico di Giove.

Le osservazioni telescopiche hanno mostrato che la maggiore concentrazione di perossido di idrogeno è presente nella faccia che precede la rotazione attorno a Giove, in un emisfero composto quasi esclusivamente di ghiaccio d'acqua puro.

Intrappolate nel reticolo cristallino e nelle polveri, le molecole di perossido quando entrano in contatto con l'acqua liquida sottostante rilasciano ossigeno. Questo meccanismo è così efficiente che i calcoli mostrano che il contenuto di ossigeno potrebbe passare da zero a un livello superiore degli oceani terrestri in pochi milioni di anni. L'equilibrio creatosi, dunque, potrebbe costituire la fonte rinnovabile di energia per forme di vita evolute.

Sempre gli stessi studi sottolineano come la prima scorta di ossigeno nell'oceano sottostante sia arrivata non prima di un paio di miliardi di anni dopo la formazione del satellite. Questo piccolo dettaglio, apparentemente insignificante, è invece ciò che può darci la speranza per l'esistenza di forme di vita più complesse. L'intervallo di tempo è stato abbastanza lungo da lasciare libertà alle molecole organiche di aggregarsi senza problemi di ossidazione per formare, presumibilmente, le prime forme di vita. Sulla Terra l'ossigeno libero in atmosfera si pensa sia comparso circa 2,5 miliardi di anni fa, vale a dire proprio 2 miliardi di anni dopo la formazione. Nel nostro caso gli artefici sono stati gli organismi unicellulari fotosintetici, qualcosa che nelle profondità di Europa non esiste di certo. Fortunatamente ci hanno pensato proprio la radiazione solare e le forze di marea gioviane.

Molti astrobiologi sono moderatamente ottimisti sul fatto che il satellite possa effettivamente ospitare forme di vita al di sotto della crosta, addirittura dei crostacei. Certo che verificare con prove inoppugnabili una notizia così importante richiederà diversi anni.

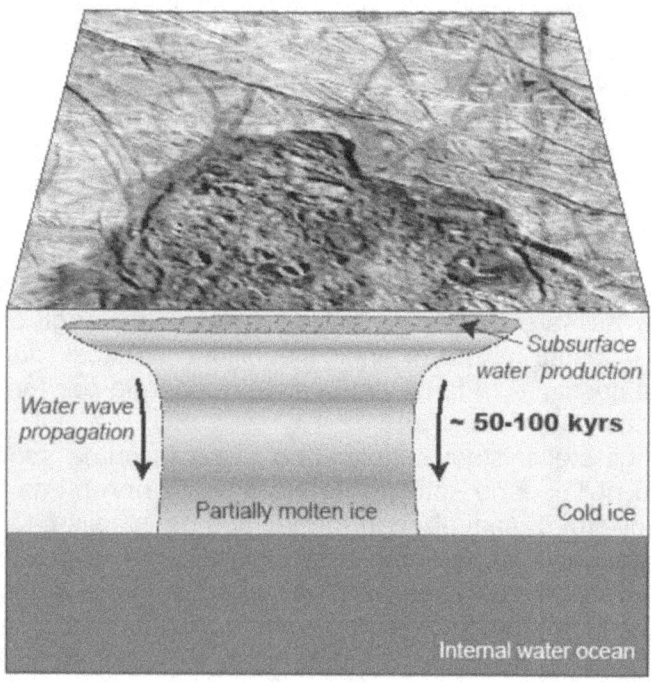

Il grande oceano d'acqua liquida di Europa si troverebbe a qualche decina di chilometri sotto la superficie. Le radiazioni imprigionate dal campo magneti-co di Giove creerebbero ossigeno dal ghiaccio superficiale, mentre le forze mareali provvederebbero a un rimescolamento continuo di ghiacci e acqua liquida che potrebbe essere la chiave per un rifornimento duraturo nel tempo di ossigeno per il sostentamento di eventuali specie marine.

Nei mari di metano di Titano?

Se consideriamo meramente il contenuto d'acqua di un corpo celeste, né la Terra né Europa sono i primi nel Sistema Solare. La più grande riserva d'acqua tra i corpi rocciosi spetta a Titano, l'insospettabile e misteriosa luna di Saturno, che secondo le stime ne conterrebbe 11 volte più dei nostri oceani.

Unico satellite naturale a possedere un'atmosfera stabile, addirittura più densa di quella terrestre, Titano è stato per molti anni un grande enigma, fino all'arrivo della sonda Cassini e della piccola capsula Huygens che nei primi giorni del 2005 si è addirittura posata sulla superficie, penetrando la spessa e opaca atmosfera. Qui si sono scoperti grandi laghi di idrocarburi liquidi (principalmente metano ed etano), una possente circolazione atmosferica, addirittura grandi sistemi nuvolosi capaci di scaricare al suolo ingenti quantità di metano liquido. Titano, quindi, è il corpo celeste che insieme alla Terra possiede un ciclo stabile di precipitazioni. Sul nostro pianeta l'ingrediente è l'acqua, su questa remota luna, a un miliardo e mezzo di chilometri dal Sole, il nostro amato liquido trasparente non può che esistere in forma ghiacciata, ma metano ed etano si trovano invece nell'ambiente adatto per prenderne il posto.

L'atmosfera del satellite è priva di ossigeno ma contiene grandi quantità di azoto, proprio come quella della Terra primordiale antecedente lo sviluppo della vita complessa.

Tutti gli astrobiologi sono concordi nel rivedere in Titano un ambiente che, temperature a parte, potrebbe essere molto simile a quello del nostro pianeta di qualche miliardo di anni fa.

In un perfetto parallelismo tra l'acqua della Terra e il metano di Titano, alcuni ricercatori hanno ipotizzato che vita primitiva potrebbe prosperare nei laghi e nei mari del satellite.

In effetti la logica sembra essere dalla nostra parte: se sulla Terra la vita ha scelto l'acqua perché abbondante, e poiché era ovunque si è potuta espandere in ogni parte del pianeta, cosa impedisce che forme di vita non abbiano trovato il modo di utilizzare gli idrocarburi di Titano, sparsi dappertutto?

La superficie di Titano potrebbe essere sicuramente adatta a forme di vita elementari per noi sconosciute, che riescono a riprodursi e prosperare anche a 180°C sotto lo zero e utilizzano gli idrocarburi al posto dell'acqua.

Fantascienza? Forse no.

Alcuni studi dimostrano che metano ed etano liquidi possono svolgere un lavoro migliore dell'acqua nell'aggregare i mattoni della vita.

Purtroppo una spedizione sulla superficie che con un piccolo laboratorio biologico possa analizzare il terreno, in modo simile a quanto fatto dalle Viking su Marte, e capire (speriamo meglio!) cosa stia effettivamente succedendo è ancora lungi da venire.

In assenza di tutto questo, non siamo stati certo con le mani in mano e forse abbiamo scoperto qualcosa di estremamente interessante.

Nell'atmosfera di Titano non esiste ossigeno (meglio così!), né anidride carbonica, e questo potrebbe sembrare un problema: da quale gas ricaverebbero l'energia eventuali esseri viventi?

La sonda Cassini ha rilevato idrogeno molecolare, un gas che rappresenta un ottimo immagazzinatore di energia.

Su Titano gli organismi potrebbero usare l'idrogeno per garantirsi un'esistenza felice, un po' come cerchiamo di fare noi nella speranza di avere energia pulita per le nostre automobili.

Esistono o possono esistere microbi di questo tipo? La risposta è affermativa e viene ancora una volta dall'ambiente a noi più vicino: la Terra.

Il nostro pianeta ospita una classe di batteri chiamata metanogeni, organismi semplici che vivono in totale assenza di ossigeno e utilizzano l'idrogeno molecolare prodotto dalle fermentazioni di altri batteri, protozoi o funghi, come fonte di energia per la loro sopravvivenza. Al momento si conoscono oltre 50 specie di batteri metanogeni che vivono in luoghi particolari come i fondali fangosi e melmosi delle paludi, ambienti perfetti per un isolamento da un'atmosfera che per loro sarebbe velenosa come quella di Titano per noi.

I nostri metanogeni sono ancora a base acquosa (non potrebbe essere altrimenti), ma almeno sappiamo che sul satellite di Saturno il cibo non scarseggia!

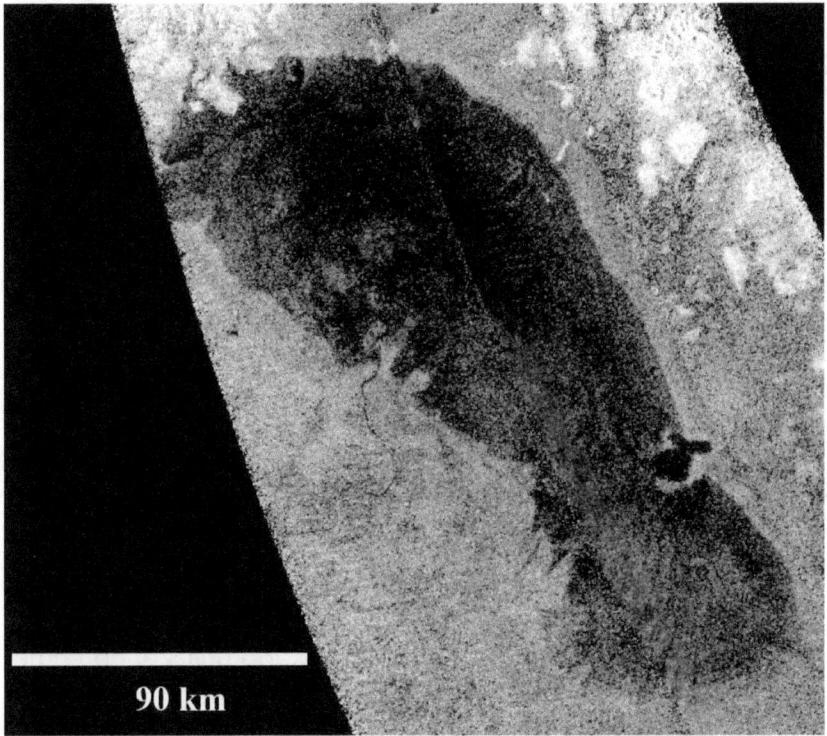

90 km

Il lago Ontario su Titano potrebbe essere un bel luogo di villeggiatura. Peccato che al posto dell'acqua troviamo metano liquido, e forse anche qualche batterio titaniano.

Se sulla Terra microbi di questo tipo sopravvivono nonostante un ambiente enormemente ostile, su Titano, invece, potrebbero prosperare senza particolari difficoltà, data l'abbondanza di elementi favorevoli al loro sviluppo.
I batteri di Titano sarebbero comunque molto diversi rispetto ai nostri metanogeni, sia per le condizioni di temperatura in cui si dovrebbero trovare che per l'ambiente.

Ed ecco quindi che lentamente stiamo imparando a comprendere come possono essere organizzate eventuali forme di vita sufficientemente diverse da quelle terrestri, ma non così tanto da non poterle riconoscere.

Sarebbe tutto bello e interessante, magari ancora di più se avessimo almeno qualche indizio di quello che stiamo dicendo. Con la logica, la chimica e la matematica si possono costruire universi perfettamente funzionanti e forme di vita di ogni genere, ma poi dobbiamo capire se questo è un mero esercizio teorico o qualcosa di effettivamente corrispondente alla realtà.

Come sappiamo, qualsiasi processo biologico ha bisogno di energia e nel processo di sostentamento e riproduzione emette dei prodotti di scarto. In parole ancora più chiare: qualsiasi essere vivente modifica l'ambiente circostante.

Sulla Terra gli organismi che utilizzano ossigeno hanno come prodotti di scarto l'anidride carbonica e l'acqua. Su Titano, eventuali organismi che utilizzano l'idrogeno potrebbero produrre come prodotti di scarto proprio il metano. La reazione che porta alla formazione di questo idrocarburo a partire da carbonio e idrogeno genera una quantità di energia sufficiente per i processi biologici.

Il primo indizio, allora, è proprio la presenza di notevoli quantità di metano su Titano.

Ma quali molecole possono produrre metano utilizzando come carburante l'idrogeno dell'atmosfera? Poche righe addietro è stato usato genericamente il termine organico, ma di certo non tutti i composti a base di carbonio possono produrre questa reazione e fornire energia. Per scoprirlo dobbiamo ancora dare un'occhiata ai batteri metanogeni terrestri; probabilmente senza conoscerli non saremmo arrivati a una risposta convincente dal punto di vista scientifico.

Le sostanze più indicate sono l'etano e soprattutto l'acetilene; quest'ultimo è stato rilevato in quantità insolitamente basse. Anche l'idrogeno, in prossimità della superficie, subisce una riduzione inspiegabile. Che eventuali microrganismi utilizzino

questi composti per sopravvivere, spiegando la loro relativa
rarità?

Un altro indizio deriva dall'inspiegabile presenza di laghi di
metano liquido nelle regioni tropicali: secondo le semplici leggi
della termodinamica dovrebbero evaporare in poche migliaia
di anni.

Com'è possibile spiegare la presenza di metano liquido in luoghi che non dovrebbero contenerne? La risposta più semplice
è che qualcosa continui a produrre metano con un ritmo molto
simile alla quantità che evapora. E questo misterioso processo
potrebbe essere dovuto proprio all'attività biologica.

Questa sarebbe la pistola fumante, se non fosse che solamente una piccola percentuale delle regioni tropicali ed equatoriali
di Titano è stata mappata dalla sonda Cassini. I laghi di metano al momento sembrano essere pochi e isolati gli uni dagli altri e questo non ce lo si aspetterebbe da una superficie biolo-
gicamente attiva. Resta quindi viva un'altra ipotesi, sicuramente meno affascinante: e se questi non fossero che oasi rifornite
da falde sotterranee provenienti da altre regioni del satellite,
proprio come le oasi che si incontrano nei nostri deserti? Non
si escluderebbe di certo la possibilità di forme di vita, ma questa non sarebbe più una prova a favore della loro esistenza.

Se riuscissimo a scoprire cambiamenti stagionali o giornalieri
nella composizione chimica dello strato atmosferico superficiale o nella superficie stessa, saremmo quasi certi che tutte
queste speculazioni sono qualcosa di molto vicino alla realtà
dei fatti.

Il grande satellite di Saturno è ancora più interessante perché
al suo interno, qualche decina di chilometri sotto la crosta
ghiacciata, sembra ospitare un immenso oceano profondo forse un centinaio di chilometri, simile a quello di Europa. Potremmo trovare forme di vita?

La risposta potrebbe arrivare dall'analisi di vulcani particolari,
chiamati criovulcani.

A causa delle temperature estremamente basse, i vulcani a queste distanze non eruttano magma incandescente, ma acqua liquida che poi depositatasi sulla superficie impiega qualche giorno per solidificare, proprio come la nostra lava.
I criovulcani potrebbero quindi rappresentare la nostra speranza di studiare l'ambiente diversi chilometri al di sotto della crosta superficiale, senza scavare neanche un centimetro. Il problema è capire se quelli di Titano siano ancora attivi o meno, e nel primo caso avere la fortuna di trovare tracce geologicamente recenti di qualche eruzione d'acqua da poter studiare.
Se i complessi meccanismi in atto su Titano venissero confermati, si verificherebbe allora una condizione in qualche modo opposta alla Terra: i metanogeni avrebbero il controllo della superficie ricca di idrocarburi liquidi, mentre forme di vita simili ai nostri batteri anaerobici ed estremofili potrebbero trovarsi nascoste nelle profondità del grande oceano d'acqua.
Non si sa ancora se e quando una risolutiva missione automatica verrà inviata su Europa e Titano, ma alla luce delle nuove scoperte sembra proprio che questi insospettabili outsider abbiano spodestato Marte come luoghi più adatti alla presenza di vita extraterrestre nel nostro Sistema Solare.

Spedita nello spazio dai geyser di Encelado?
Un altro satellite di Saturno, Encelado, ha attirato l'attenzione dopo che la sonda Cassini ha messo in evidenza enormi getti di cristalli d'acqua ghiacciata espulsi dalle spaccature sulla superficie e rilasciati direttamente nello spazio. Questi criovulcani attivi o geyser freddi, sembrano mettere in evidenza una struttura ancora più simile a Europa.
Encelado, infatti, non ha atmosfera e sembra sia composto in superficie da grandi quantità di ghiaccio.
All'interno grandi sacche d'acqua liquida sono disciolte dal calore provocato dall'attrazione mareale di Saturno, che produce anche delle spaccature dalle quali l'acqua liquida ad alta pres-

sione riesce ad uscire con estrema violenza e riversarsi nello spazio, congelando quasi istantaneamente.

L'orbita all'interno della magnetosfera di Saturno garantisce il flusso di particelle che su Europa produce l'ossigeno e una periodica rigenerazione superficiale.

A questo punto le condizioni per l'esistenza di forme di vita microbica e forse anche più complessa possono essere concrete, con una piccola ma importantissima differenza: possiamo analizzare l'acqua che sgorga dalle profondità senza dover scavare alcun buco.

Se Encelado nascondesse all'interno forme di vita, queste verrebbero eiettate nello spazio ogni volta che si assiste all'eruzione di questi giganteschi geyser. Alcuni astronomi e astrobiologi pensano in effetti che Encelado possa essere il primo corpo celeste conosciuto a eruttare microbi, come fosse un gigantesco starnuto cosmico.

Con la sonda Cassini in orbita attorno al pianeta, è probabile che si possa avere una conferma o una smentita prima della fine della sua missione, attualmente prevista per il 2017. In caso contrario sarà difficile effettuare analisi approfondite prima dell'arrivo di un'altra astronave, ancora neanche prevista da nessuna agenzia spaziale.

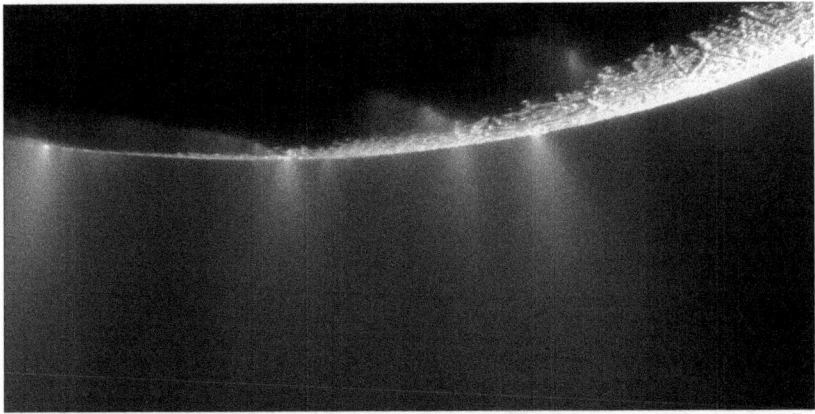

I grandi geyser di Encelado spruzzano acqua liquida e microrganismi nello spazio?

Nell'inferno venusiano?

Mano a mano che avanzano le nostre conoscenze del Sistema Solare e della Terra, appare evidente che la vita potrebbe svilupparsi, meglio, germogliare (poiché i semi, cioè le molecole organiche, sono sparsi ovunque), anche in ambienti impensabili fino a qualche anno fa.

Se i sovietici sono stati un po' ottimisti a inviare le prime capsule sul suolo di Venere provviste di un meccanismo di galleggiamento e di trasmissione in caso di atterraggio in un oceano d'acqua liquida, alcuni astronomi hanno teorizzato che primitive forme di vita possano esistere anche su Venere, il pianeta più inospitale del Sistema Solare.

Ma com'è possibile che un microrganismo riesca a svilupparsi su una superficie rovente come quella venusiana? In effetti non è possibile, almeno per la vita che attualmente conosciamo. Neanche i tenaci estremofili possono sopportare temperature superiori a 120°C, figuriamoci oltre 400°C! Per non parlare della totale assenza di acqua, probabilmente da diversi miliardi di anni (se non da sempre) e di qualsiasi altro liquido che possa rappresentare un ambiente adatto per la chimica delle molecole organiche. Non è detto però che la vita primordiale debba necessariamente aver bisogno di rocce su cui aggrapparsi.

La risposta viene di nuovo dal nostro pianeta, in particolare da quei microrganismi che vivono nella stratosfera, a circa 40 km di altezza, senza aver bisogno di "poggiare i piedi".

Gli strati delle nubi di Venere, a circa 50 km dalla superficie, sperimentano una temperatura gradevole (circa 30°C) e una pressione di circa 1 atmosfera: si tratta del luogo più simile alla Terra di tutto il Sistema Solare, proprio sul pianeta più infernale.

Schermati dalle molecole atmosferiche che bloccano i dannosi raggi ultravioletti e il vento solare, colonie di microbi potrebbero considerare il pianeta come il loro angolo di paradiso, ignorando completamente cosa li aspetterebbe se si trovassero sulla superficie.

Naturalmente tra questo modello teorico e la realtà ci sono di mezzo delle prove che attualmente non abbiamo.

Però alcuni indizi contribuiscono ad alimentare la speranza.

Quali sono? Di nuovo, tracce di elementi che per quanto ne sappiamo (ma ci potremmo sbagliare!) non dovrebbero esistere in modo stabile in quella zona dell'atmosfera venusiana. In particolare, l'idrogeno solforato e l'anidride solforosa dovrebbero reagire e formare una nuova specie molecolare. Quindi, se non c'è un meccanismo che le produce continuamente, in poche migliaia di anni dovrebbero sparire del tutto dall'atmosfera. In altre parole, una delle possibili risposte (forse l'unica che al momento conosciamo) per lo squilibrio nell'atmosfera di Venere è che la biologia sia al lavoro in silenzio e al riparo dai nostri indiscreti sguardi.

Un'altra traccia deriva dal solfuro di carbonile, un elemento difficilissimo da generare con reazioni chimiche non biologiche.

Alcuni astrobiologi si sono spinti a ipotizzare che la presenza e le proprietà di questi microbi potrebbero essere alla base dello strano comportamento dell'atmosfera in ultravioletto. Nessuno ha ancora la più pallida idea di come spiegare le immagini che si possono riprendere anche con un telescopio amatoriale. Nel vicino ultravioletto, e solo in questa regione, in atmosfera sono presenti dei composti che assorbono la radiazione solare.

Spostandoci già alle lunghezze d'onda blu l'effetto scompare e diventano visibili normali strutture nuvolose situate circa 20 km più in basso. I più ottimisti affermano che le nubi in ultravioletto possano essere flussi di microbi che assorbono questa lunghezza d'onda per alimentare i propri processi biologici. Non è un'idea bizzarra perché anche la nostra pelle assorbe gli ultravioletti (non quelli troppo energetici) e produce melanina, abbronzandosi. Al momento quindi, tutto è possibile. L'unica certezza è rappresentata dalla presenza di questi misteriosi assorbitori UV di natura sconosciuta.

Non si esclude che un tempo lontanissimo, agli albori del Sistema Solare, Venere, come Marte, possa aver sperimentato un clima radicalmente diverso rispetto all'attuale, con bacini di acqua liquida e le prime forme di vita sulla superficie che forse hanno fatto in tempo ad assistere alla completa distruzione di quell'ambiente così gradevole, quanto fugace.

Lo scopriremo solamente quando i primi robusti rover riusciranno a camminare in quel forno a cielo aperto e resistere a pressioni di 94 atmosfere.

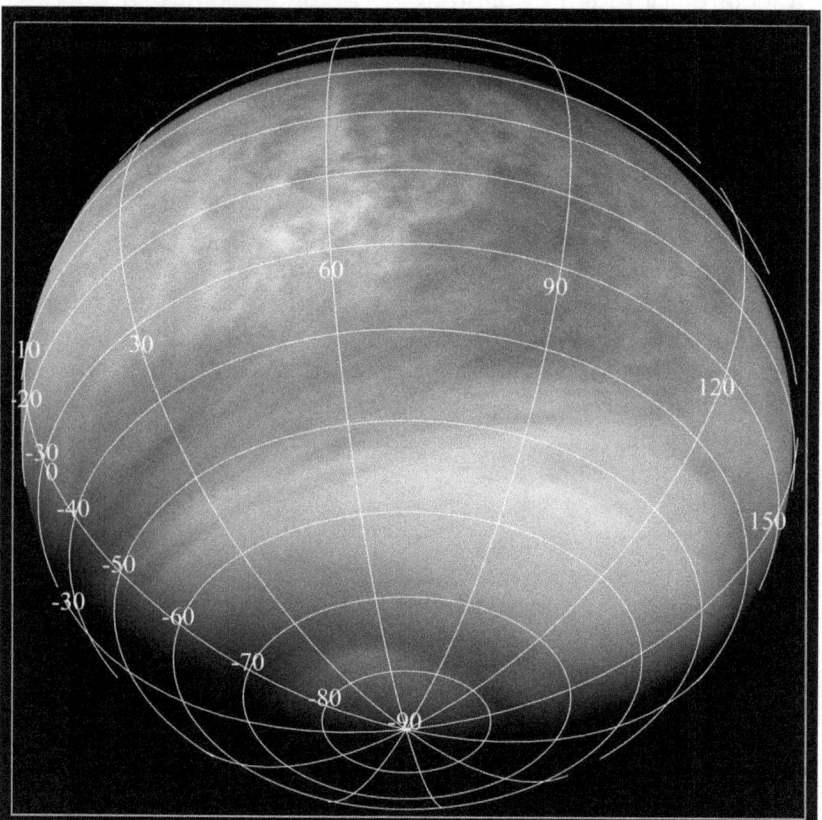

Nelle nubi di Venere si possono nascondere microrganismi in sospensione responsabili della strana risposta nella lunghezza d'onda ultravioletta?

Vita (elementare) nel futuro del Sistema Solare?

Fino a questo momento abbiamo cercato forme di vita primitive in un lontano passato e nel presente, ma cosa dire del futuro?

Tra circa 5 miliardi di anni il Sole dovrebbe entrare nelle fasi finali della propria vita. L'idrogeno al centro scarseggerà, il nucleo si contrarrà aumentando di temperatura fino a 100 milioni di gradi e innescando la fusione dell'elio. Contemporaneamente gli strati esterni si espanderanno spazzando via Mercurio, Venere e probabilmente la Terra, ponendo fine per sempre al dominio della vita. Questa stella dal colore lievemente giallo, tranquilla per dieci miliardi di anni, si sarà trasformata in una gigante rossa, un astro enorme e centinaia di volte più luminoso di prima.

Se i pianeti interni potrebbero subire una fine scontata e terribile, grandi sconvolgimenti potrebbero toccare anche ai pianeti esterni e ai satelliti, in particolare a Titano.

La luna di Saturno, infatti, secondo alcuni studi si verrebbe a trovare alla giusta distanza dalla nuova configurazione stellare per sperimentare temperature miti, tali da sostenere l'acqua allo stato liquido.

Non sappiamo cosa succederà al metano e agli idrocarburi in superficie, probabilmente evaporeranno in poco tempo e si disperderanno prima in atmosfera, poi nello spazio. I raggi ultravioletti del Sole diraderanno la nebbia di idrocarburi, favorendo un ulteriore riscaldamento, sufficiente per sciogliere le grandi riserve di ghiaccio d'acqua contenute nella crosta, generando probabilmente mari e oceani che prenderanno il posto degli antichi bacini di idrocarburi. L'acqua, mischiata all'ammoniaca e alle enormi quantità di molecole organiche, potrebbe rappresentare l'ambiente perfetto per la nascita di primitive forme di vita, proprio come è accaduto sulla Terra. Di tempo ce ne sarà in abbondanza, probabilmente più di un miliardo di anni.

Sarà un vero peccato non poter assistere allo spettacolo di un cielo finalmente trasparente, occupato per circa 1/3 dagli straordinari anelli di Saturno; il tutto, magari, da una tiepida spiaggia in riva a un oceano color verde smeraldo.

Un panorama alieno? No, probabilmente questa sarà la superficie di Titano quando il Sole si trasformerà in una gigante rossa, scioglierà le grandi riserve di acqua liquida e permetterà, forse, alla vita come la conosciamo di prosperare, seppur per breve tempo.

Vita nel Sistema Solare: un'unica origine?

Giunti al termine di questa parte dedicata alla vita nel Sistema Solare, possiamo ora rispondere in modo più approfondito a una domanda un po' vecchiotta: da dove vengono i mattoni della vita?

La recente scoperta di questi elementi un po' ovunque nel Sistema Solare ha dato una spinta notevole alla teoria dell'inseminazione esterna della Terra, fino a questo momento suggerita solamente da deboli indizi indiretti.

Parrebbe quindi almeno plausibile che l'esperimento di Miller sia iniziato addirittura prima che la Terra disponesse di stabili bacini idrici e sia avvenuto su scala extraplanetaria, coinvolgendo buona parte del Sistema Solare.

Poiché non abbiamo la presunzione di credere che la storia evolutiva del Sole e del Sistema Solare sia stata differente rispetto a quella delle miliardi di stelle disseminate nella Via Lattea, è possibile ipotizzare che i semi della vita siano presenti ovunque negli ambienti interstellari e trasportati dai corpi minori, al riparo dalle alte temperature e dalla dannosa radiazione stellare.

E proprio come i semi di alcuni fiori viaggiano trascinati dal vento sulla superficie terrestre, germogliando dove trovano le condizioni adatte, così i semi della vita forse non aspettano che un pianeta perfetto per dare inizio alla meravigliosa storia degli esseri viventi.

Il pensiero del fisico del diciannovesimo secolo, Hermann Ludwig Ferdinand von Helmholtz, rende bene l'idea di questo affascinante scenario:

"... a me pare rientri in una procedura scientifica pienamente corretta il domandarsi se la vita abbia in realtà mai avuto un'origine, se non sia vecchia quanto la materia stessa, e se le spore non possano essere state trasportate da un pianeta all'altro e abbiano attecchito laddove abbiano trovato terreno fertile."

Poco dopo la formazione, con i pianeti ormai freddi, le grandi quantità d'acqua che precipitavano continuamente dallo spazio attraverso comete e soprattutto asteroidi hanno riempito le depressioni della Terra, di Marte e probabilmente anche di Venere. Depositi di ghiaccio sono sopravvissuti anche nelle regioni polari di Mercurio e della Luna, ben al riparo dalla radiazione solare.

Si pensa che Marte, come abbiamo visto, sia stato il primo a sviluppare condizioni adatte alla vita e i primi organismi. Poi, nuovi impatti meteoritici potrebbero aver trasportato la vita su una Terra ancora in ritardo dal punto di vista evolutivo. Marte potrebbe quindi aver inseminato la Terra primordiale.

Ma lo scambio di informazioni potrebbe essere stato ancora più ampio. Il vento solare che spazzava via l'atmosfera di Venere poteva strappare anche gli antichi microrganismi che popolavano oceani e aria, trasportandoli fin sulla Terra, Marte o addirittura più lontano.

I nuovi meteoriti provenienti dai pianeti rocciosi potevano trasportare microbi ovunque nel Sistema Solare, persino su lontani satelliti come Europa e Titano.

Non conosciamo naturalmente quale sia stata la sequenza seguita, né se sia prevalsa la vita di origine venusiana, marziana o terrestre, ma è indubbio che molecole organiche prima, e vita elementare poi, abbiano potuto viaggiare attraverso tutto il Sistema Solare a bordo di quei corpi celesti che ora per noi rappresentano una minaccia estremamente seria.

Oggi sappiamo che pianeti e corpi minori possono resistere addirittura alla violenta esplosione di una stella; batteri e molecole organiche sopravvivono anche nello spazio. Alcuni microrganismi possono trasformarsi nello stato di spore, una specie di letargo che può durare milioni di anni e superare condizioni terribilmente avverse in attesa di un ambiente più propizio per "svegliarsi".

Comete e asteroidi, anche quelli di origine planetaria, possono uscire dal Sistema Solare a seguito di particolari interazioni con i pianeti più grandi (come Giove). Ogni anno sono diverse le comete osservate che dopo un rapido passaggio intorno al Sole sono destinate a perdersi nello spazio per sempre, portandosi dietro acqua e molecole organiche.

Probabilmente la molecola di DNA non riuscirebbe a superare le lunghe traversate interstellari perché sembrerebbe avere una vita di qualche milione di anni al massimo. Questi almeno sono i risultati condotti su antichi ghiacci dell'Antartide, i quali hanno mostrato come questa macromolecola tenda a subire gli inevitabili effetti dell'entropia. Allo stesso tempo, però, i componenti, tra cui anche le basi azotate, si trovano frequentemente in meteoriti e comete.

È proprio così assurdo pensare che almeno gli ingredienti fondamentali della vita possano avere una storia antica quasi quanto l'Universo e siano teoricamente in grado di viaggiare tra gli sterminati spazi interstellari?

Prima di liquidare questo viaggio come impossibile, ricordiamoci che in ogni singolo atomo delle nostre cellule è scritta la storia dell'Universo. Quasi tutti gli elementi di cui siamo costituiti derivano direttamente dall'esplosione di milioni di stelle antichissime in qualche parte della Galassia, il cui materiale disperso nello spazio si è poi raccolto di nuovo per formare il Sole e i pianeti.

E da dove si sono formati il Sole, i pianeti, quindi le molecole organiche 4,6 miliardi di anni fa? Da un miscuglio di gas che prima apparteneva sicuramente ad altre stelle.

E se la vita avesse davvero un'origine molto più globale rispetto a questo piccolo pianeta blu, sperduto in un punto periferico della Galassia, è probabile che l'Universo ne sia pieno e che, soprattutto, tutti gli esseri viventi sparsi in miliardi di miliardi di pianeti abbiano un'origine comune e antichissima.

Questa è una teoria chiamata panspermia che risale filosoficamente fino agli antichi greci. Ma forse ora stiamo volando un po' troppo con l'immaginazione.

Spiare gli alieni: la ricerca di vita intelligente

Se negli anni 60 si comprese che nel Sistema Solare non c'era traccia di vita intelligente al di fuori di noi e si diressero gli sforzi verso la ricerca di forme di vita elementari, alcuni astronomi non abbandonarono affatto il sogno di un contatto con qualche altra civiltà evoluta sparsa in qualche angolo della Galassia.

Con lo sviluppo di una branca dell'astronomia chiamata radioastronomia, si stava facendo avanti un'ipotesi affascinante: ascoltare trasmissioni volontarie o involontarie da parte di qualche civiltà aliena evoluta.

L'idea alla base era in effetti semplice e logicamente ineccepibile. Dagli anni 30 del novecento, infatti, gli esseri umani avevano sviluppato una tecnologia di massa rivoluzionaria per comunicare e trasmettere informazioni a distanza: le onde radio.

Il successo delle prime prove di trasmissione fu straordinario, al punto che oggi nessuno di noi ne può più fare a meno: in tal caso dovremmo staccare telefono, reti wireless di ogni tipo, spegnere tv, radio, navigatori satellitari, telecomandi, macchine radiocomandate e persino i forni a microonde.

Le onde elettromagnetiche che utilizziamo ogni giorno vengono in parte ricevute dagli apparecchi, ma una buona percentuale (almeno fino a qualche anno fa, poi vedremo meglio cosa è successo) schizza via alla velocità della luce fuori dall'atmosfera terrestre, perdendosi nello spazio e con la possibilità di essere addirittura ricevuta da adeguati apparecchi di qualche alieno curioso e un po' indiscreto.

Naturalmente vale il viceversa ed è questo il principio alla base della ricerca di vita intelligente nell'Universo: se la nostra specie invia nello spazio onde radio, allora è possibile che qualche altra civiltà tecnologicamente avanzata utilizzi lo stesso sistema per comunicare sul loro pianeta? E se questo fosse affermativo, perché non possiamo sperare di captare queste comunicazioni con i nostri potenti e invadenti orecchi cosmici?

Se logicamente le conclusioni possono essere accettabili, le prove che nell'Universo esistano altre civiltà evolute che utilizzino onde radio, o che vogliano comunicare direttamente con noi (ammesso che sappiano della nostra esistenza), sono ancora lungi dal dover venire.

La situazione era sicuramente molto più aleatoria negli anni 60, quando non si conosceva ancora nessun altro pianeta al di fuori del Sistema Solare su cui indirizzare la ricerca.

A fronte di tutti questi svantaggi (e altri che vedremo meglio nel corso delle pagine), questo progetto aveva un grandissimo vantaggio: costava poco ed era possibile senza investire un centesimo nella costruzione di nuove apparecchiature.

Fu in questo clima che a partire dagli anni 60 presero vita dei programmi di ricerca sempre più complessi e massicci, con l'obiettivo di "spiare" gli alieni ascoltando i segnali radio provenienti dallo spazio. Con l'acronimo inglese SETI, Search for Extra-Terrestrial Intelligence (ricerca di vita intelligente), iniziò un periodo lungo più di cinquant'anni che in ogni caso avrebbe cambiato per sempre la nostra concezione dell'Universo.

Come cercare comunicazioni di vita intelligente?

Se fino ad ora abbiamo visto come indagare la vita primitiva nel Sistema Solare cercando di non escludere nemmeno possibilità più esotiche, come i laghi di idrocarburi di Titano, quando tentiamo di trovare vita intelligente capace di comunicare, sono tante le assunzioni e le approssimazioni che dobbiamo fare, implicitamente o esplicitamente.

Prima di tutto cerchiamo specie evolute, al punto da essere riuscite a manipolare le onde elettromagnetiche. Ma questa frase nasconde molte altre insidie e approssimazioni che non possiamo tener nascoste.

Parlare di specie evoluta in senso generico sarebbe in effetti insufficiente. Un esempio chiarificatore? I delfini sono estremamente intelligenti, eppure non si sono evoluti tecnologicamente e di certo non sono in grado di comunicare con le onde radio.

Cercando segnali artificiali, supponiamo l'esistenza di una civiltà i cui tratti generici somigliano ai nostri, con una curiosità innata, con voglia di progredire, di sviluppare un complesso tessuto della società e l'interesse nel comunicare con altre forme di vita.

Ma non è detto che questo accada, o meglio, che accada in questo istante e per luoghi accessibili alla nostra attuale strumentazione.

Se poi esistesse anche una società, persino più evoluta di noi che comunica volontariamente con altri pianeti in modo costante, chi assicura che utilizzi onde radio che potrebbero risultare uno strumento poco efficiente per delle trasmissioni extraplanetarie?

I dati per suffragare questi dubbi ce li abbiamo guardando noi esseri umani. Nella nostra lunga storia, che ormai risale ad almeno due milioni di anni fa, solamente negli ultimi 100 anni siamo riusciti a inviare messaggi nello spazio e contemporaneamente acquisire la possibilità di ascoltarli. Per di più questa parabola sembra addirittura in fase discendente. Lo sviluppo tecnologico che ha introdotto il concetto di trasmissioni digitali ha ottimizzato l'energia e la direzionalità delle nostre trasmissioni. Il risultato? Che tra qualche anno il nostro pianeta potrebbe tornare, per un mondo esterno al Sistema Solare che ascoltasse le nostre trasmissioni, del tutto invisibile, a meno che non decidessimo deliberatamente di trasmettere verso quelle direzioni. Insomma, abbiamo compreso che il rumore che facevamo involontariamente prima ci costava troppa energia; ora stiamo correggendo il tiro e trasmettendo segnali solo dove servono (qui sulla Terra).

C'è inoltre il problema della velocità finita della luce e dell'indebolimento dei segnali con l'aumentare della distanza.

Il nostro rumore radio percorre l'Universo da meno di un secolo, quindi ha raggiunto stelle che si trovano non oltre una sfera di 100 anni luce di raggio. Quanti astri ci sono in questo spazio? Forse qualche migliaio se siamo davvero fortunati, che confrontato con i 200 miliardi stimati per la Via Lattea costituiscono un campione statistico forse troppo piccolo, a meno che la vita intelligente non sia davvero molto comune nella Galassia.

Con l'aumentare della distanza, poi, il segnale, se non è stato ben direzionato o è partito con un'enorme potenza, rischia di confondersi con il fondo della Via Lattea e dell'Universo stesso.

Se supponiamo, per assurdo, che la parabola evolutiva di una specie aliena tecnologicamente avanzata sia simile alla nostra e costituisca una specie di legge universale, sarebbe davvero difficile individuare in questo momento qualche segnale involontario proveniente da questi esseri, che dovrebbero pure trovarsi a non più di qualche centinaio di anni luce di distanza.

C'è di più. Se una civiltà tecnologica ha un periodo di rumore radio di qualche centinaio di anni solamente, dobbiamo aver la fortuna di possedere una tecnologia pronta e puntata nella giusta direzione. A sparigliare le carte la velocità finita della luce, che rende tutto imprevedibile. Se ipoteticamente a 200 anni luce di distanza si trovasse una civiltà esattamente uguale alla nostra, con lo stesso livello di sviluppo, noi per altri 100 anni in

121

quella direzione non sentiremmo niente perché le prime onde elettromagnetiche arriverebbero proprio tra un secolo.

Fortunatamente l'Universo è grande abbastanza per consentire a tutte le variabili in gioco di potersi mischiare tantissime volte e darci la possibilità di ricevere comunque segnali radio, a patto che civiltà evolute esistano in abbondanza.

Questo è in effetti un punto delicato: potremmo sperare di ricevere trasmissioni solo se qualcuno ci avesse già visto e volesse comunicare, oppure se la Galassia brulicasse di vita intelligente; allora in questo caso le probabilità di ricevere qualche trasmissione diretta o indiretta salirebbero esponenzialmente fino a sfiorare la certezza, se osservassimo per molto tempo e in una grande zona di cielo. Riprendendo l'esempio del superenalotto, se trovare un'unica civiltà avanzata che soddisfi tutte le nostre richieste ha una probabilità bassissima, supponiamo una ogni 622 milioni, se nella Via Lattea ce ne fossero altrettante, sicuramente almeno una volta vinceremmo la posta in gioco.

Non ci resta che capire, allora, se noi esseri umani siamo la regola o l'eccezione: un problemuccio al quale hanno lavorato generazioni di astronomi senza ancora trovare una risposta convincente.

Quante civiltà intelligenti ci sono nell'Universo?

L'astronomo americano Frank Drake, qualche anno prima dell'avventura SETI, propose un'equazione semplice per cercare di stimare il numero di civiltà evolute nella Via Lattea, introducendo una serie di parametri e moltiplicandoli tra di loro.
Nella sua forma classica, l'equazione è questa:

$$N = R^* \times f_p \times n_e \times f_l \times f_i \times f_c \times L$$

Indaghiamo il significato delle variabili e capiremo meglio cosa influisce sull'esistenza di una tale civiltà.

R^* rappresenta il tasso di formazione di nuove stelle nella Via Lattea, un dato importante che può fornirci uno spaccato temporale dell'eventuale evoluzione della vita.

f_p è la frazione di stelle che possiedono dei pianeti. È un parametro scontato, perché civiltà evolute hanno sicuramente bisogno di un corpo planetario.

n_e rappresenta il numero medio dei pianeti in un dato sistema stellare che sono in grado di ospitare la vita, quindi, in prima approssimazione quei corpi celesti nelle condizioni simili alla Terra.

f_l rappresenta la frazione di pianeti abitabili su cui si è effettivamente sviluppata la vita. Com'è facile intuire, questo è un valore molto difficile da stimare con le nostre attuali conoscenze.

f_i è la frazione di quei pianeti in cui si è sviluppata la vita intelligente. A titolo di esempio Marte, che potrebbe ospitare forme di vita primitive, sarebbe escluso da questo conteggio.

f_c rappresenta la frazione di quelle civiltà che sono in grado di comunicare direttamente o indirettamente.

L infine, è una stima della durata di una tale civiltà evoluta e/o del periodo in cui riesce a comunicare.

Detta in questi termini, l'equazione di Drake sembra solamente un bell'esercizio matematico di dubbia utilità per la ricerca di vita intelligente perché per dirci quante civiltà possiamo scoprire richiede di conoscerne il numero!

In realtà non è proprio così, perché attraverso studi e osservazioni potremmo approssimare qualche parametro e

cercare di estrapolare un numero che potrebbe essere vero-simile e ci dica almeno se stiamo perdendo tempo o meno.
Allora proviamo insieme a dare una stima di queste grandezze sulla base delle attuali conoscenze e cerchiamo di farci un'idea preliminare se la concatenazione di tutte le variabili per lo sviluppo di vita intelligente sia un evento estremamente improbabile oppure no, per quanto riguarda la nostra Galassia. Poi, partendo dal presupposto che nell'Universo ne esistono miliardi simili, potremmo avere un quadro più globale.
Il tasso di formazione delle stelle è conosciuto con relativa precisione ed è attorno ai 7 astri l'anno per la Via Lattea.
Grazie allo sviluppo della ricerca sui pianeti extrasolari, oggi sappiamo che almeno il 40% delle stelle simili al Sole possie-de un pianeta. In realtà questa è una stima pessimistica, come vedremo meglio nel capitolo dedicato, al punto che qualcuno pensa che ci possano essere addirittura più pianeti che stelle.
Il parametro n_e ai tempi di inizio del programma SETI era completamente sconosciuto. Ora, invece, sappiamo che pia-neti simili alla Terra quanto a dimensioni e posizione rispetto alla propria stella ne esistono in abbondanza.
Il problema, però, si complica a dismisura con i prossimi pa-rametri. Se f_l possiamo tentare di stimarlo, almeno ora che co-nosciamo molti pianeti e abbiamo un'idea di massima della popolazione nella Galassia, gli altri sono al momento fuori dal-la nostra portata, perché richiedono di capire un fatto impor-tantissimo: in che modo l'evoluzione di una specie da un orga-nismo monocellulare e semplice, che potrebbe essere molto comune, a un aggregato estremamente complesso come noi esseri umani, è legata alle proprietà del pianeta e al suo pas-sato? Parafrasando il concetto: quanto è rara la Terra, e cosa sarebbe successo se una delle grandezze o un'infinitesima parte della storia fossero cambiate? Noi esseri senzienti siamo l'ultimo anello della catena evolutiva, il risultato di 4,5 miliardi di anni di evoluzione. In questo intervallo di tempo così grande ci sono tante cose che possono andare storte.

La Terra: pianeta raro o no?

Per comprendere quante civiltà avanzate potrebbero esserci nella Via Lattea, dobbiamo per forza di cose cercare di analizzare in dettaglio il legame tra vita intelligente e il pianeta che la ospita, quindi tra noi esseri umani e la Terra, completando il quadro che abbiamo iniziato nel capitolo dedicato.

Quanto è rara la combinazione che ha indirizzato l'evoluzione verso il suo prodotto finale, noi? Ed è l'unica possibile?

Siamo semplicemente uno scherzo inaspettato delle leggi della Natura che sono state spinte fino al limite estremo, o la regola nell'Universo?

La discussione è ancora aperta e lo era sin da prima l'inizio del progetto SETI, perché si tratta di un gioco logico che coinvolge prima di tutto le proprietà del nostro pianeta e la sua storia.

Al di là delle grandezze fisiche e dinamiche che tra poco vedremo in dettaglio, entra prepotentemente anche la variabile casuale.

Se 66 milioni di anni fa quel meteorite non avesse spazzato via i dinosauri, noi ci saremmo evoluti?

Se 2 milioni di anni fa un asteroide simile ci avesse colpito, saremmo stati qui a leggere questa frase?

L'evoluzione che ha portato alla nostra nascita è inevitabile e inarrestabile, o è il frutto rarissimo di una serie di coincidenze cosmiche del tutto casuali? I fisici riformulerebbero la frase in modo più distaccato e forse utile in questo caso: dato un sistema (noi esseri umani) come cambia la sua storia inserendo delle perturbazioni casuali e di diversa natura nel corso del tempo?

La riposta alla domanda non c'è ancora, perché non abbiamo termini di paragone, quindi dobbiamo limitarci a stilare una lista di ciò che ha reso possibile la vita evoluta qui e poi farci delle idee più o meno pessimistiche.

Chiediamoci allora: quali sono gli ingredienti affinché specie elementari evolvano potenzialmente in individui autocoscienti capaci di comunicare nello spazio?

Abbiamo già fatto un importante e inevitabile assunto: l'ipotesi è che un'evoluzione sufficientemente lunga e tranquilla porti sempre a sviluppare prima o poi esseri intelligenti con voglia e potenziale di fare comunicazioni interstellari. Giusto o sbagliato che sia, questo è un assioma che non riusciamo a dimostrare o smentire, quindi lo prendiamo per buono.

I requisiti che per ora ci vengono in mente sono i seguenti:

- Un sistema stellare posto in una regione galattica abitabile. Vedremo meglio il concetto nel caso dei pianeti extrasolari, ma sostanzialmente è necessario che il sistema non si trovi, ad esempio, nelle affollate e violente regioni centrali, nelle quali il rischio di eventi dannosi per la vita cresce esponenzialmente. Si pensa che fino a qualche miliardo di anni fa la nostra Galassia fosse nello stato di quasar: il buco nero centrale emetteva grandissime quantità di raggi gamma che avrebbero potuto sterilizzare tutti i pianeti nel raggio di qualche migliaio di anni luce. Molto importanti sono le regioni intorno alla stella: se sono affollate di grandi astri blu e di zone di formazione stellare attive per miliardi di anni, le vicine esplosioni di supernovae resetterebbero periodicamente l'evoluzione delle specie. Serve quindi un ambiente che sia stabile e tranquillo per miliardi di anni per limitare al massimo casuali ingerenze distruttive;
- Il pianeta si deve trovare alla distanza giusta dalla stella per sperimentare potenzialmente temperature miti;
- La stella deve essere stabile su un lunghissimo periodo di tempo. Questo esclude gli astri azzurri, violenti e con una vita estremamente breve, ma mette a rischio anche alcune stelle fredde di classe M, le più abbondanti dell'Universo, non proprio ideali quanto a stabilità per l'evoluzione della vita che conosciamo. Vedremo meglio questo punto nel capitolo riguardante i pianeti extrasolari;

- La dimensione del pianeta che ospiterà forme di vita deve essere giusta. Non troppo piccolo, altrimenti potrebbe fare la fine di Marte, non troppo grande altrimenti avrebbe un'atmosfera troppo spessa o sarebbe addirittura un gigante gassoso. Le dimensioni sono il discriminante principale per un punto fondamentale, che fa sicuramente la differenza per quanto riguarda l'evoluzione da semplici batteri a organismi complessi:
- Un campo magnetico stabile e duraturo, in grado di proteggere la superficie dalle radiazioni dannose provenienti dalla stella. La presenza di un campo magnetico è legata alle dimensioni del corpo, perché il motore che lo genera è un nucleo molto caldo e parzialmente liquido. Corpi celesti di piccole dimensioni come Marte e la Luna si sono raffreddati già da miliardi di anni e il campo magnetico è vicino allo zero. Tutto questo però non basta: Venere ha dimensioni molto simili alla Terra eppure non lo possiede. Il requisito fondamentale è infatti che il pianeta ruoti sul proprio asse in modo relativamente veloce. Venere impiega 247 giorni per farlo e il campo magnetico è quindi quasi inesistente. In questo caso subentrano due variabili capaci di modificare il periodo di rotazione: la distanza dalla stella e gli impatti asteroidali. Proprio come la Luna, un pianeta estremamente vicino alla stella potrebbe avere un periodo di rotazione uguale a quello di rivoluzione, sufficiente per attenuare o bloccare il campo magnetico. Si potrebbe dire che un tale corpo celeste sia comunque inadatto perché si troverebbe a sperimentare temperature altissime, ma è una mezza verità. Se per stelle come il Sole la zona orbitale ideale si trova molto più lontano del punto in cui si avrebbe rotazione sincrona, per le nane rosse la fascia di temperature gradevoli coincide con la zona a rotazione sincrona. In questi casi, quindi, potrebbero non essere soddisfatti i requisiti per avere un campo magnetico

forte e stabile. In tutto questo calderone entra anche il caso. La lentissima rotazione di Venere non è infatti dovuta alla vicinanza al Sole, ma probabilmente a un gigantesco impatto che avvenuto nella giusta direzione ha rallentato il pianeta e l'ha condannato a subire il continuo bombardamento di radiazioni solari senza più la protezione del campo magnetico;

- Un grande satellite naturale come compagno di viaggio. Questo sembra un dettaglio, ma non lo è.

La Luna, solamente 4 volte più piccola e 81 volte meno massiccia della Terra, è un'eccezione nel Sistema Solare, assieme al pianeta nano Plutone e la sua luna Caronte. La presenza di un corpo di grandi dimensioni relative sembra sia essenziale per stabilizzare l'inclinazione dell'asse, che altrimenti varierebbe moltissimo come succede per Marte, ma anche per la presenza delle forze di marea.

La formazione della nostra Luna potrebbe essere stata causata da un evento molto raro: l'impatto di un pianeta delle dimensioni giuste, con la velocità giusta e l'inclinazione perfetta con la Terra primordiale.

L'antica Luna era molto più vicina e provocava ingenti disturbi gravitazionali. Potrebbero essere stati questi a innescare il processo di tettonica a zolle, frammentando a causa della forza mareale la crosta superficiale e innescando un moto che sarebbe durato miliardi di anni. Senza la deriva dei continenti e i movimenti delle placche, la Terra non avrebbe probabilmente avuto l'opportunità di immagazzinare grandi quantità di anidride carbonica dell'atmosfera e rigenerare continuamente pezzi di crosta ricchi dei nutrimenti necessari per lo sviluppo massiccio di forme di vita per miliardi di anni. Proprio come un campo che dopo qualche raccolto dello stesso tipo diventa povero di elementi nutrienti, l'evoluzione avrebbe consumato in breve tempo le risorse del terreno e si sarebbe arrestata ben prima di arrivare a creare organismi complessi e coscienti come noi. Le grandi forze di marea, secondo recenti studi già citati, sarebbero anche state necessarie per la nascita dei primi organismi viventi. È inoltre molto probabile che l'impatto gigante abbia inclinato l'asse della Terra al punto giusto per sperimentare un equilibrato fenomeno delle stagioni e rendere quasi tutta la superficie fertile allo sviluppo biologico. Le interazioni mareali, poi, hanno rallentato il periodo di rotazione, che inizialmente doveva essere intorno alle 4 ore, troppo breve per consentire un'efficiente fotosintesi ai primi semplici organismi. Le simulazioni al computer mostrano come un tale satellite stabilizzante si possa formare solo a seguito di un gigantesco impatto. La domanda ora è: quanto è frequente nell'Universo un'eventualità di questo tipo, concatenata con tutte le altre?

- La presenza di un gigante gassoso come Giove. Sembra un punto oscuro e in effetti ci si potrebbe chiedere come un pianeta 318 volte più massiccio della Terra, posto a 600 milioni di chilometri di distanza, possa generare un'influenza così importante da risultare determinante per l'evoluzione delle specie. Con il suo grande campo di gravità, Giove è il nostro silenzioso angelo custode perché attira verso di sé e devia migliaia di corpi celesti che altrimenti si getterebbero costantemente nelle regioni interne del Sistema Solare, scatenando impatti di portata distruttiva con una frequenza enormemente maggiore di quella attuale. Senza Giove l'asteroide che estinse i dinosauri non sarebbe stato di certo l'ultimo.

Non troppo vicino da disturbare l'orbita, non troppo grande da bloccare tutti gli impatti che all'inizio hanno portato acqua e molecole organiche e nemmeno troppo lontano da risultare inefficace. Affinché la vita abbia il tempo di proseguire con i miliardi di miliardi di espe-

129

rimenti casuali cercando il modo per evolvere nel migliore dei modi, è necessario che nessun intruso spaziale, in questo caso comete e asteroidi, abbia la possibilità di azzerare ogni volta tutti gli sforzi;

- Acqua liquida in abbondanza sulla superficie. Le condizioni descritte, soprattutto un'atmosfera relativamente spessa e la giusta distanza dal Sole, pongono le basi per la potenziale esistenza di acqua liquida, ma non è detto che ci sia effettivamente, anzi; si pensa che i pianeti rocciosi dopo la loro formazione fossero carenti di acqua. Serve quindi un grande serbatoio di corpi celesti ricchi di questa molecola che nelle fasi successive, attraverso migliaia o milioni di impatti, riempiano le depressioni creando vasti oceani, essenziali anche per mantenere attivo un efficiente processo di tettonica a zolle.

Sulla Terra gli studi dimostrano che le zone in cui le placche scivolano nelle profondità, attraverso quello che è chiamato processo di subduzione, sono alimentate dall'acqua che svolgerebbe un'importantissima funzione lubrificante. In effetti, tutte le zone di subduzione si trovano negli oceani e formano le fosse oceaniche: questo potrebbe non essere un caso;

- Il ruolo delle glaciazioni. È un punto da approfondire, ma se guardiamo come si è evoluta la vita sulla Terra, scopriamo che non lo ha fatto in modo costante. I primi organismi semplici (procarioti) comparvero 600-700 milioni di anni dopo la formazione. Poco più di un miliardo di anni dopo ci fu la comparsa degli eucarioti. Tuttavia il primo essere pluricellulare di cui abbiamo traccia risale a meno di 600 milioni di anni fa. Ci vollero due miliardi di anni per questa transizione, eppure poi ne sono bastati 400 per arrivare ai grandi dinosauri. Com'è possibile tutto questo?

Qualcuno pensa che un ruolo chiave lo abbiano svolto le glaciazioni, intervalli di tempo in cui il clima era profondamente diverso, al punto da costituire lo stimolo giusto alle specie per evolvere e adattarsi, ma in un modo non troppo brusco da cancellare la vita. Un meccanismo del genere ce lo portiamo avanti anche noi uomini nella nostra società: senza la necessità impellente di superare grandi difficoltà, tendiamo a mantenere lo status quo e a non cambiare niente del nostro tessuto sociale (ad esempio, senza la guerra fredda nessuno sarebbe mai andato sulla Luna). In ogni ambito, in qualsiasi parte della storia, i momenti di crisi sono quelli che ci permettono di migliorare, a patto che non siano così forti da distruggerci.

Questi sono i punti salienti che sulla Terra avrebbero creato le condizioni per un'evoluzione tranquilla e nella giusta direzione delle specie viventi.

Le domande che sorgono sono sostanzialmente due:

1) La vita complessa si può evolvere solo quando tutti questi punti sono rispettati?

2) Ammesso che la risposta alla domanda precedente sia, con un po' di antropocentrismo, affermativa, quanti potrebbero essere nella Galassia e nell'Universo i pianeti con tutte queste caratteristiche?

Ci sono due scuole di pensiero che si fronteggiavano ancora prima dell'inizio del programma SETI e che nel corso degli anni hanno portato avanti un braccio di ferro che non si è di certo concluso, anzi, forse si è inasprito perché entrambe le posizioni hanno delle prove più o meno forti a supporto. La prima, caldeggiata da scienziati del calibro di Carl Sagan e Frank Drake, è fedele a quello che viene chiamato principio di mediocrità. Pur con tutte le variabili richieste, che potrebbero non essere così rigide, l'Universo è un posto così grande e la Via Lattea potrebbe avere così tanti pianeti che la vita senziente si sarà di certo sviluppata in molti altri sistemi stellari.

In effetti, ammettendo che la storia della Terra sia in qualche modo quasi unica, non è detto che le variabili che portano all'evoluzione della vita siano esattamente le stesse. Questa è la critica maggiore rivolta alla seconda scuola di pensiero, quella che caldeggia la rarità della Terra e condivide la teoria dello "scherzo della Natura": le condizioni sarebbero così tante e difficili da rispettare che nella Via Lattea potremmo essere gli unici esseri senzienti in questo momento. Ci sarebbero al limite civiltà evolute in altre galassie ma naturalmente sono troppo lontane per anche solo pensare di rilevarle in qualche modo. In questi casi l'equazione di Drake (non ce ne saremmo mica dimenticati!) fornirebbe un risultato modesto, che in alcuni casi potrebbe addirittura essere vicino allo zero.

La Terra è quindi unica, rarissima o comune nell'Universo? Questa benedetta equazione che ci dice? Con l'aiuto della sola logica tutto e niente.

Per scoprirlo veramente non ci resta che tentare di ascoltare eventuali comunicazioni radio e poi, magari, iniziare anche la ricerca diretta di pianeti al di fuori del Sistema Solare con le giuste caratteristiche. Per questo ambizioso progetto disponiamo della tecnologia adatta solamente da una manciata di anni, ma come vedremo potrebbero esserci molte sorprese.

Ascoltare ET

Ascoltare è sicuramente il modo più semplice per cercare esseri intelligenti nella Galassia.

Tenendo da parte tutte le problematiche teoriche analizzate in precedenza, basta puntare i nostri potenti radiotelescopi nel cielo e provare a captare segnali di chiara origine aliena, presumibilmente molto deboli a causa delle enormi distanze in gioco, soprattutto se di origine indiretta (come le nostre trasmissioni tv).

Il primo problema che incontriamo, sin da subito, riguarda il luogo in cui cercare. Ora con la scoperta di pianeti extrasolari forse abbiamo un'idea migliore, ma quando sono iniziati i programmi SETI gli scienziati fecero l'unica scelta sensata: osservare casualmente quante più porzioni di cielo possibile.

Attraverso i più grandi radiotelescopi del mondo, come quello gigantesco di oltre 300 metri di diametro di Arecibo, Portorico, i programmi SETI cominciarono a scandagliare giorno e notte porzioni di cielo alla ricerca di qualcosa di alieno.

Sì, ma cosa in particolare? Le onde radio non sono una prerogativa solamente di esseri intelligenti ma anche di molti fenomeni naturali.

A partire dal 1963 si scoprirono i quasar, oggetti puntiformi che emettevano enormi quantità di energia in tutto lo spettro elettromagnetico, comprese le onde radio.

La domanda, allora, era ed è attuale: come facciamo a sapere se un certo segnale è di origine artificiale?

Dobbiamo fare ancora un'approssimazione, meglio, una scelta di buonsenso che probabilmente qualsiasi altra specie intelligente farebbe. A prescindere dal nostro fine, per ottimizzare il segnale, eliminare interferenze e limitare la quantità di energia utilizzata, i segnali radio utilizzati per comunicare possiedono una larghezza di emissione generalmente molto stretta e uno spettro particolare.

I processi naturali emettono onde radio su bande estremamente larghe, proprio perché nessuno ha il controllo sull'emettitore.

L'enorme parabola di 308 metri di diametro del radiotelescopio di Arecibo, il più impegnato nella caccia a trasmissioni di origine extraterrestre.

È plausibile (e auspicabile) pensare che esseri intelligenti e-xtraterrestri facciano le nostre stesse considerazioni e non uti-lizzino segnali con una forma esattamente identica a quella dei corpi celesti dell'Universo.

Appare logico credere che se altre specie volessero comuni-care deliberatamente potrebbero inviare un segnale molto in-tenso e periodico in una banda estremamente stretta, magari ben conosciuta da tutti gli altri abitanti dell'Universo. Questa è senza dubbio coincidente con la debolissima emissione dell'idrogeno neutro, un gas presente ovunque nel Cosmo, le cui proprietà sarebbero sicuramente conosciute da eventuali civiltà intelligenti. La frequenza di emissione dell'idrogeno, centrata a 1420 MHz, qui sulla Terra è così importante per stu-di astrofisici che sin dagli anni 50 è vietata qualsiasi trasmis-sione per non interferire con lo studio del cielo. Si potrebbe obiettare che se noi non trasmettiamo in questa banda per poter studiare l'Universo, allora potremmo fare un grande autogol perché se anche altre civiltà facessero la stessa cosa, nessuno sentirebbe mai niente. In realtà il divieto qui sulla Terra riguarda trasmissioni radio e tv, non di certo un eventuale segnale radio che venisse volontariamente inviato nello spazio per cercare di ricevere una risposta. È evidente che ora stiamo parlando di una questione di lana caprina perché ci sono tante altre variabili ben più importanti che giocano sicuramente un ruolo fondamentale rispetto a un presunto, quanto improbabile, codice civile interstellare.

La banda dell'idrogeno neutro è forse la più probabile per cercare di captare comunicazioni extraterrestri, ma di certo non è l'unica, anzi, è forse l'inizio di una finestra chiamata il buco dell'acqua. In un'atmosfera contenente quantità apprezzabili di vapore acqueo, come la nostra e probabilmente quella di altre civiltà evolute, si può assistere a una fascia particolarmente trasparente che si estende da 1420 Mhz a 1666 MHz. È quindi probabile supporre che eventuali messaggi alieni possano avere forzatamente queste frequenze, altrimenti non si avrebbe in uscita un segnale sufficientemente forte e pulito.

È molto interessante anche capire cosa dovremmo aspettarci da un segnale di probabile origine aliena. Come sarà modulato? Che intensità potrebbe avere e cosa potrebbe dirci? In questo caso è probabile che ci vengano in aiuto i principi della matematica. Sarebbe infatti un assurdo pensare che una specie cerchi di inviarci volontariamente dei messaggi in una lingua che non capiremmo mai. Molto più probabile che venga trasmesso un messaggio estremamente semplice, che contenga un indizio inequivocabile della sua artificiosità.

I principi della matematica sono ottimi candidati per rappresentare l'unico collante tra due civiltà che non hanno nulla in comune.

I numeri primi potrebbero essere la forma di comunicazione più semplice. In un ipotetico messaggio, quindi, basterebbe riprodurre in sequenza, come fosse codice morse, una serie di numeri primi. In effetti questo è quanto ha immaginato Carl Sagan nel suo romanzo "Contact" nel quale si narrano le vicende di una ricercatrice SETI che riceve un inequivocabile segnale radio di origine artificiale, in cui inizialmente una serie di impulsi scandivano una lunga serie di numeri primi.

Un'idea lunga più di un secolo

L'acronimo SETI non identifica un programma specifico che riguarda un ente in particolare, ma una disciplina che raccoglie tutti i tentativi atti a rilevare tracce di civiltà intelligenti, quasi sempre per mezzo delle onde radio.

Fu addirittura lo scienziato Nikola Tesla a ipotizzare, sul finire del diciannovesimo secolo, che le onde radio potessero essere utilizzate da eventuali trasmissioni extraterrestri.

Il primo tentativo SETI fu eseguito addirittura da Guglielmo Marconi, che agli inizi del 900 credeva di aver ricevuto con i sui apparecchi segnali provenienti da Marte.

Nel pieno della sindrome marziana, uno dei tentativi che oggi ci sembra sicuramente tra i più bizzarri fu fatto durante la grande opposizione di Marte del 1924. Nei giorni tra il 21 e il 24 agosto fu promosso un silenzio radio nazionale, consigliando a tutte le stazioni del Paese di interrompere le trasmissioni per 5 minuti ogni ora e consentire di ricevere nel miglior modo possibile eventuali messaggi marziani.

L'osservatorio navale degli Stati Uniti caricò a bordo di un dirigibile un ricevitore radio portandolo fino a 3 chilometri di altezza, sintonizzato su una lunghezza d'onda compresa tra 8 e 9 chilometri. Inutile dire che da Marte non fu rilevato nemmeno un bisbiglio.

I primi tentativi organizzati e diretti verso lo spazio profondo furono intrapresi a partire dagli anni sessanta, dopo il completamento di potenti radiotelescopi e migliori studi sulle possibili bande da analizzare.

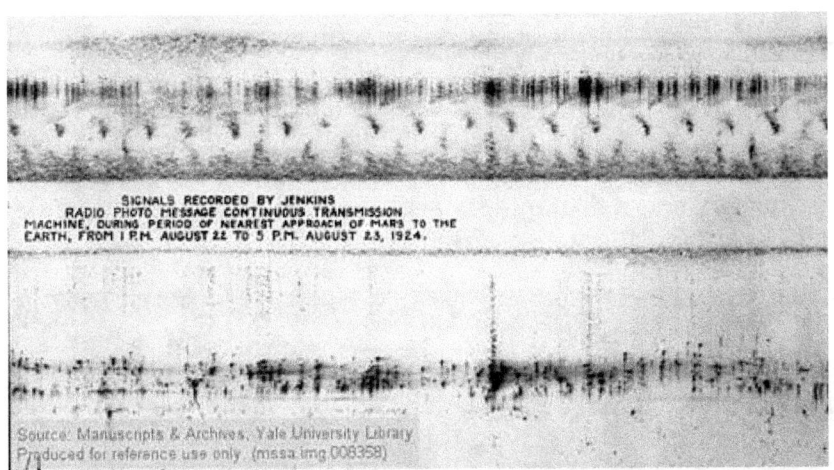

L'incomprensibile tabulato dei segnali radio raccolti ascoltando Marte durante la favorevole opposizione dell'agosto 1924. Nonostante gli sforzi, dal pianeta non proveniva alcuna trasmissione; un fatto quasi inaspettato per un
mondo che in molti pensavano abitato da esseri intelligenti.

Il lavoro teorico più importante e convincente fu di Philip Morri-
son e Giuseppe Cocconi, i quali suggerirono di cercare nella
lunghezza d'onda delle microonde, che è poi quella che sarebbe stata utilizzata da tutti i radiotelescopi.
All'inizio degli anni 70 scesero in campo i finanziamenti gover-
nativi attraverso la NASA e fu l'inizio di una serie di programmi
di ricerca estremamente accurati.
Senza risultati di rilievo però, con il passare degli anni i finanziamenti per molti progetti SETI vennero cancellati o fortemente ridimensionati.
Le scarse disponibilità economiche bloccarono quasi completamente la ricerca, che proseguiva a un ritmo troppo lento per
l'enorme vastità del cielo.

Nel 1999 gli astronomi di Berkeley misero a punto un'idea rivoluzionaria e lanciarono il programma SETI più massiccio che si
sia finora visto, chiamato SETI@home. Attraverso le osservazioni del radiotelescopio di Arecibo, i dati venivano messi a di-

sposizione di tutti gli utenti del mondo dotati di un semplice computer connesso a internet, e fatti analizzare in automatico. Questo ambizioso progetto di calcolo distribuito ebbe subito un successo strabiliante, perché in poco tempo furono più di 100.000 i computer che su base volontaria, e senza alcun impegno da parte dell'utente, analizzavano in background i dati e li inviavano in automatico a Berkeley.

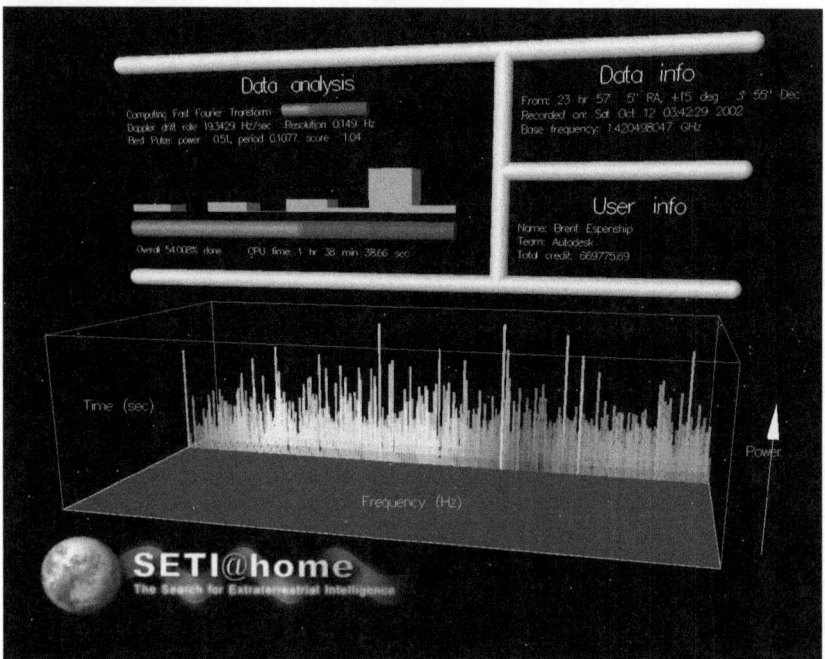

Lo screen saver SETI@home analizza in silenzio sul computer di migliaia di volontari i dati radio raccolti dal telescopio di Arecibo, alla ricerca di un segnale di chiara origine extraterrestre.

Il programma venne chiamato anche Serendip, acronimo inglese che può essere tradotto con "casualità". In effetti i dati vengono raccolti indagando zone casuali di cielo, nella speranza che prima o poi si trovi qualcosa che cambierebbe le nostre vite.

Gli organizzatori sperano di portare avanti il progetto almeno fino al 2020-2025 e tutto fa sperare che ci riescano, vista la grande adesione e i minimi investimenti richiesti (siamo ancora in tempo per partecipare, se lo vogliamo!)

Un altro studio SETI molto interessante si è svolto dal 1996 al 2004, denominato programma Phoenix.

Contrariamente al modo casuale in cui la grande parabola di Arecibo scandaglia il cielo, i radiotelescopi utilizzati per questo programma vennero puntati verso 800 stelle simili al Sole, quindi con una buona probabilità di avere dei pianeti, e ascoltarono in un'ampia banda compresa tra 1000 e 3000 MHz.

Con la scoperta sempre crescente di pianeti extrasolari, anche di dimensioni simili alla Terra e alla giusta distanza dalle proprie stelle, i progetti SETI si sono evoluti e hanno finalmente iniziato a cercare segnali radio puntando direttamente questi corpi celesti.

Uno in particolare, portato avanti sempre dall'università di Berkeley, ha selezionato tra il 2011 e il 2012 i pianeti di taglia terrestre scoperti dall'osservatorio orbitale della NASA Kepler, degli ottimi candidati per la presenza di forme di vita come le conosciamo, cercando di ascoltare eventuali messaggi. Scandagliando tutte le frequenze tra 1,1 e 1,9 MHz, comprendendo l'idrogeno e l'intero buco dell'acqua, sono stati passati in rassegna ben 104 pianeti. I risultati di questa importante ricerca li discuteremo tra poche pagine.

Sono stati proposti nel corso degli anni anche altri tipi di progetti SETI, non necessariamente focalizzati sulle onde radio. In effetti, non è detto che un'eventuale razza aliena decida di comunicare con un mezzo che anche per noi potrebbe diventare obsoleto tra non molti anni.

Alcuni astronomi hanno fatto delle considerazioni energetiche e di efficienza, arrivando a ipotizzare che eventuali comunicazioni interstellari possano avvenire attraverso stretti e potenti fasci di raggi laser alle lunghezze d'onda visibili.

Recenti indagini in effetti confermano che in linea teorica un trasmettitore laser potrebbe rappresentare un buono strumento di comunicazione poiché a fronte di potenze ridotte risulterebbe ben visibile fino a migliaia di anni luce di distanza.

Non sono ancora stati intrapresi studi in questo ambito, anche perché il problema principale è trovare una civiltà che ci abbia visto e voglia comunicare con noi.

È vero che non dobbiamo pensare troppo secondo i nostri canoni, che eventuali alieni potrebbero avere idee completamente diverse dalle nostre, ma appare improbabile che là fuori ci siano tante suocere ansiose di voler a tutti i costi parlare con noi. E se non ci cerca intenzionalmente qualcuno con questo metodo, è impossibile ricevere qualcosa.

Far rumore

Nulla vieta, naturalmente, di trasformarci da ascoltatori silenziosi e passivi a stazioni radio (volontarie) interstellari.

Perché non farci sentire deliberatamente e non solo con il caos di dubbia utilità e qualità di radio, tv e cellulari? Se fossi un alieno e riuscissi a ricevere e decodificare le trasmissioni delle nostre tv, me ne starei ben largo dalla Terra!

Giudizi personali a parte, invertire il punto di vista in questo caso (e in molti altri) e affrontare i problemi relativi, si rivela estremamente utile anche per comprendere meglio cosa potremmo ricevere, perché una cosa appare certa: se c'è qualche specie aliena che trasmette deliberatamente nello spazio alla ricerca di altri esseri intelligenti, avrà sicuramente affrontato e superato alcune problematiche tecnologiche, le stesse che ci troviamo a fronteggiare noi nel caso decidessimo di passare all'azione.

Il problema principale di una trasmissione volontaria nello spazio non è rappresentato né dalla banda, né dall'eventuale messaggio da inviare, piuttosto da un dubbio di natura prettamente energetica che abbiamo sfiorato qualche riga sopra.

In linea di principio, poiché non abbiamo riferimenti certi di pianeti abitati su cui indirizzarci (almeno non c'erano fino a pochi anni fa) e per aumentare la probabilità che qualcuno ascolti e comprenda, sarebbe meglio trasmettere dei messaggi in tutto il cielo. Il problema, però, è che una scelta di questo tipo è dispendiosa e inefficiente: la volta celeste è davvero enorme! Se decidessimo quindi di trasformare la Terra in una grande antenna che trasmette in ogni direzione, non ci basterebbe tutta l'energia che produciamo per creare un segnale che possa viaggiare con una certa intensità per più di pochi anni luce.

A questo punto un compromesso è d'obbligo: dobbiamo ridurre l'angolo delle nostre trasmissioni per diminuirne l'energia richiesta e allo stesso tempo aumentare la distanza percorsa.

Per comprendere meglio un concetto che abbiamo espresso anche poche righe fa, consideriamo una semplice esperienza.

141

Una normale lampadina da 40 watt priva di lampadario emette energia in ogni direzione e diventa già debole se osservata da qualche centinaio di metri. Questo perché la luce si distribuisce via via su un'area sempre maggiore, che dipende dal quadrato della distanza. Se a cento metri percepiamo un'energia pari a X, a 200 metri questa sarà quattro volte inferiore, a 400 16 volte inferiore e così via.

Ora invece prendiamo un puntatore laser, magari di quelli verdi che vanno tanto di moda oggi, e con una potenza in regola con le leggi italiane non superiore a 1 milliWatt, vale a dire 0,001 watt, 40.000 volte meno energetico della nostra lampadina. Eppure se puntiamo il raggio verso un nostro amico distante qualche chilometro, sarà ancora così luminoso da dargli fastidio agli occhi, mentre della lampadina non vi sarà più traccia.

Il punto di forza del laser è semplice: tutta l'energia è concentrata in un fascio del diametro inferiore a un millimetro e non si espande come invece fa la luce della lampadina. Questo è il principio su cui potremmo basare le nostre ricerche: stringere la larghezza del fascio radio emesso dai radiotelescopi. In questo caso, però, come facciamo a inviarlo in ogni direzione del cielo?

A questo punto si potrebbe fare una mossa intelligente, copiando dei fenomeni naturali chiamati pulsar (e che tra poche pagine vedremo meglio). Perché invece di concentrarci in una zona ristretta non usiamo il nostro speciale raggio laser come fosse il faro di un porto? Con l'aiuto di qualche altra antenna ci si potrebbe dividere il cielo e inviare un impulso di breve durata, al massimo qualche minuto, in ogni zona di cielo, fino a coprire l'intera volta celeste in pochi anni.

Possiamo migliorare ancora l'efficienza e la probabilità di essere trovati sbirciando quello che combinano i colleghi impegnati nella ricerca dei pianeti extrasolari. Se infatti sappiamo dove sono i pianeti, magari i più interessanti, è possibile inviare degli impulsi stretti proprio a questi sistemi stellari e aspettare, molto pazientemente, una risposta.

Tanta bella teoria, ma la pratica?

È stato intrapreso qualche progetto di ricerca atto a comunicare con eventuali civiltà aliene? La risposta è positiva, anche se forse non ci hanno creduto mai fino in fondo nemmeno coloro che hanno avuto l'idea. Il motivo principale? Non questioni probabilistiche che in un mondo ideale sarebbero le più forti, quanto qualcosa che all'uomo, soprattutto moderno, sembra sempre mancare: il tempo. Inviare un impulso radio al pianeta abitabile più vicino e aspettare un'eventuale (e quasi impossibile) risposta, significherebbe attendere pazientemente almeno quarant'anni. Per ingannare l'attesa si potrebbe pensare di mettere in atto un'intensa opera di comunicazione verso tutti i sistemi planetari conosciuti; oltre ad ammazzare il tempo si avrebbe una probabilità maggiore di essere ascoltati. Tutto questo, però, non è mai stato attuato.

Perché abbiamo deciso di non farci sentire massicciamente in modo diretto e attivo?

Per questioni diverse, tutte più o meno condivisibili.

La prima è prettamente economica: ascoltare costa meno che trasmettere. C'è poi, di nuovo, ancora una mera considerazione di probabilità: se non sappiamo ancora dove sono i pianeti abitabili e in che misura, che senso ha trasmettere e spendere denaro ed energie in qualcosa che ha una scarsissima probabilità di successo, senza tenere conto che forse potrebbe pure essere meglio per noi che sia così? Già, perché un'altra ragione importante per non trasmettere deliberatamente nello spazio è la prudenza dovuta a un ambiente che non conosciamo affatto. Cosa succederebbe se qualcuno ricevesse il nostro messaggio e animato da uno spirito poco amichevole sapesse finalmente dove trovare un pianeta da conquistare?

Siamo proprio sicuri che uno scenario del genere non sia possibile? In fondo per ora l'unica specie evoluta che conosciamo l'ha addirittura fatto con i propri simili e non avrebbe remore a farlo su scala cosmica, se la tecnologia lo consentisse.

Forse è ancora troppo rischioso dire a tutti dove ci troviamo e a che punto dell'evoluzione siamo, meglio continuare ad ascol-

tare in silenzio, sperando che le nostre trasmissioni tv induca-
no eventuali ascoltatori a ignorare questo pianeta popolato da
una razza primitiva e violenta.

Queste remore furono in effetti sollevate nel primo e più conosciuto tentativo di comunicazione interstellare, effettuato il 16
novembre 1974 proprio dal grande radiotelescopio di Arecibo.
Per inaugurare l'installazione di un potente sistema radar, fu
deciso di dare una prova del grande sviluppo tecnologico u-
mano inviando verso l'ammasso globulare M13, a 25.000 anni
luce di distanza, un semplice messaggio in codice binario
composto da 1679 bit. Il messaggio fu trasmesso a una frequenza di 2380 MHz con una larghezza di 10 Hz e una potenza di 1MW (1 milione di Watt!) e conteneva informazioni circa
la nostra natura chimica e fisiologica, la posizione della Terra
nel Sistema Solare e qualche proprietà fisica di base. Insomma, a livello puramente teorico, se qualcuno ricevesse il messaggio avrebbe tutti gli elementi per trovarci e annientarci perché saprebbe dove siamo e come siamo fatti.

In realtà tutte queste remore sono dettate più da un'irrazionale
paura dell'ignoto che da probabilità vere, perché sarà molto
difficile che qualche essere intelligente lo possa ricevere,
complice anche l'esigua durata di tre minuti. Servirebbe quindi
una sfortuna davvero cosmica se nel tragitto, privo di stelle vicine, qualcuno per sbaglio intercetti quei tre minuti, li decodifi-
chi e decida di venirci a trovare con intenzioni poco buone.

Il messaggio viaggerà tra le stelle ma non raggiungerà mai
M13, che nei 25.000 anni di attesa si sarà spostato nel suo
percorso attorno al centro della Galassia. Se nessuno però lo
intercetterà, sarà destinato sicuramente a vagare nello spazio
e raggiungere altre galassie, tra milioni e milioni di anni.

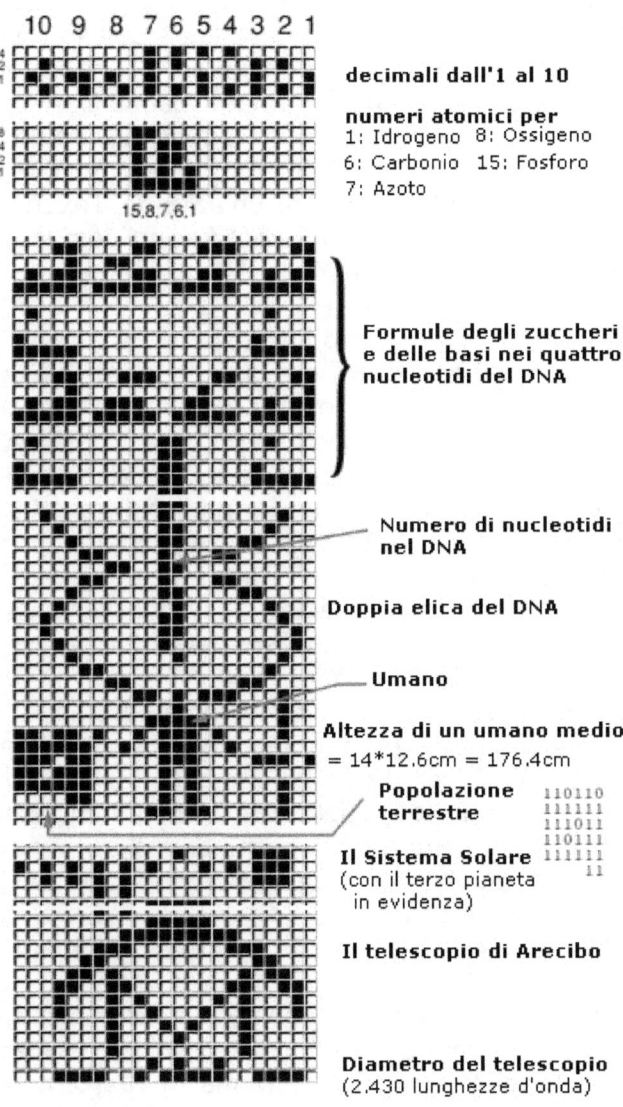

Il messaggio di Arecibo inviato verso l'ammasso globulare M13, che non raggiungerà mai.

Nel silenzio dei mass media, quindi al riparo da molte critiche, in tempi più recenti sono state inviate altre trasmissioni radio.

Nel 1999 e nel 2003 furono spediti verso alcune stelle relativamente vicine dei messaggi chiamati Cosmic Call (chiamata cosmica) attraverso tre radiotelescopi situati in Ucraina.

Non si trattò in realtà di un vero e proprio progetto di ricerca, ma di una trovata pubblicitaria di un'azienda Texana che finanziò l'esperimento. Le trasmissioni furono comunque eseguite in modo più rigoroso di quelle del radiotelescopio di Arecibo.

Furono scelte nove stelle entro un raggio di 70 anni luce di distanza, molto simili al nostro Sole, quindi con un'elevata possibilità di ospitare sistemi planetari. Le chiamate furono fatte a una frequenza di 5010 MHz con una potenza di 150 kW e contenevano tra i messaggi anche quello inviato dal radiotelescopio di Arecibo diversi anni prima. Le parti più importanti della trasmissione furono inviate tre volte per ogni stella.

Non sappiamo ancora se ci sarà qualcuno a ricevere queste chiamate cosmiche, perché l'astro più vicino verrà raggiunto solamente nel 2036 e dovremo aspettare altrettanti anni per un'eventuale risposta.

Sebbene nessuno si aspetti qualche comunicazione, questa volta il segnale ha una probabilità decisamente superiore di essere intercettato e compreso rispetto al tentativo di Arecibo.

Il 9 ottobre 2008 fu inviato quello che al momento sembra essere il tentativo più serio e organizzato di una trasmissione radio interstellare, proprio con uno dei telescopi utilizzati per trasmettere le chiamate cosmiche.

L'obiettivo? Un sistema planetario conosciuto, situato attorno alla stella Gliese 581.

Come vedremo nel prossimo capitolo, questa piccola nana rossa, distante solamente 21 anni luce, ospita un sistema tra i più interessanti per l'esistenza di forme di vita. Il messaggio dalla Terra (Message from Earth) inviato è stato quindi il tentativo che al momento ha le maggiori probabilità (seppur molto piccole) di venir effettivamente ascoltato da eventuali esseri intelligenti.

L'arrivo è previsto per il 2029 e dovremo aspettare almeno altri 21 anni prima di avere la speranza di ricevere qualcosa in ritorno, possibilmente non una flotta di astronavi pronte a invaderci!

Questi sono al momento tutti i tentativi, più o meno seri, effettuati. Senza considerare il lato, forse un po' paranoico, in merito a un eventuale errore di proporzioni immani che potrebbe farci cadere preda di civiltà male intenzionate (che rischierebbero seriamente di arrivare tardi alla festa), c'è comun-

Una delle parabole da 70 metri di diametro con cui si sono inviati messaggi diretti verso altri sistemi planetari. Dovremo aspettare ancora diversi anni per sperare in una risposta.

que da riflettere sulla relativa leggerezza con cui un gruppo di persone ha deciso unilateralmente di rendersi potenziali ambasciatori di un'intera specie inviando dei messaggi che potrebbero rappresentare il nostro biglietto da visita nei confronti di un'altra civiltà aliena. Le probabilità sono infinitamente basse, ma non nulle.

La verità è che benché possiamo considerarci avanzati quanto vogliamo, della vita nell'Universo non sappiamo ancora abbastanza. Là fuori, nascosti dall'ingombrante luce delle stelle e dall'enorme distanza, potrebbe esserci davvero di tutto, da situazioni pessimistiche (nessuno) ai voli pindarici più assurdi (ma ancora possibili) come l'esistenza di una lega del male che non aspetta altro che degli stolti si facciano sentire per poterli attaccare. Qualunque sia il risultato, in questo momento storico noi esseri umani possiamo dipingerci alla stregua di timidi e spaventati animaletti che per la prima volta stanno mettendo la testa fuori dalla loro buia e piccola tana.

Animati da una spettacolare curiosità, siamo contemporaneamente limitati dall'istinto di sopravvivenza che ci suggerisce estrema prudenza, perché possiamo essere intelligenti quanto vogliamo ma l'ignoto fa sempre paura, soprattutto se è grande e oscuro come l'Universo.

40 anni di SETI: cosa abbiamo trovato?

Le varie ricerche SETI, sia in trasmissione (poche) che in a-
scolto (tante) hanno scandagliato vaste regioni di cielo e cercato comunicazioni extraterrestri per 50 anni. Nella mole immensa di dati generata e analizzata, ci si aspetterebbe che i
risultati siano così eclatanti e numerosi da riempire le prossime 500 pagine del libro.

Se il volume non si avvicina nemmeno lontanamente al traguardo e per di più di quest'argomento se ne parla in un paragrafo finale di un capitolo lungo e forse noioso, significa che in
realtà non c'è molto da dire.

Nel corso di tutti questi anni di ricerche sono stati solamente
due, anzi, uno e mezzo, i momenti in cui qualcuno ha potuto
sussurrare a bassa voce che forse forse c'eravamo quasi.

Il segnale wow!: il primo messaggio di origine extraterre-
stre?

Il 15 Agosto 1977 successe qualcosa che rese quella data
memorabile e fece ben sperare tutti coloro impegnati nella ricerca di vita extraterrestre intelligente.

Il grande radiotelescopio denominato Big Ear (grande orec-
chio) dell'università dell'Ohio stava scandagliando casualmente il cielo alla ricerca di un qualsiasi segnale radio di natura e-
xtraterrestre.

Quella giornata di mezza estate stava andando avanti come le
altre precedenti. Le due speciali parabole ascoltavano porzioni
di cielo a ridosso del centro della Via Lattea, nell'affollata zona
del Sagittario e dello Scorpione.

Nei tabulati compariva, come ormai consuetudine, molto rumore, qualche sorgente stellare peculiare che ancora non si sa-
peva molto bene da quale evento fosse causata, ma nulla che
facesse pensare a trasmissioni da parte di esseri in grado di
manipolare le onde elettromagnetiche.

Che l'attenzione sulle scansioni del grande radiotelescopio
fosse bassa, lo testimoniava il fatto che i dati venivano imma-

gazzinati automaticamente e analizzati con calma solamente qualche giorno dopo.

Cinque giorni più tardi, l'astronomo Jerry Ehman, coordinatore del progetto, si ritrovò a esaminare i tabulati cartacei risalenti al 15 Agosto e fu in questa circostanza che ebbe probabilmente la sorpresa più bella della sua vita professionale. A ridosso della costellazione del Sagittario il radiotelescopio aveva captato un forte segnale radio centrato su una frequenza molto stretta, della durata esatta di 72 secondi, in una banda molto vicina all'emissione dell'idrogeno neutro e con un'ampiezza di 10 kHz.

L'astronomo comprese subito che quel segnale così particolare era completamente diverso quanto a forma e potenza rispetto alle sorgenti radio naturali ed era quasi certamente di natura artificiale.

La sorpresa fu così grande che con una penna rossa lo cerchiò, identificandolo con l'esclamazione tipicamente anglofona: "wow!".

Il segnale captato dal radiotelescopio Big Ear nel 1977 e la sorpresa di Jerry Ehman nel vederlo.

Cosa rappresentava quella breve trasmissione?

Quella serie di numeri incomprensibili ai non addetti ai lavori sarebbe diventata in breve tempo la trasmissione radio più discussa della storia del SETI, il famoso "segnale wow".
Proveniva veramente da una civiltà aliena, oppure era qualcosa di terrestre? Si erano scoperte finalmente le tracce di un Universo rumoroso, dopo anni di silenzio imbarazzante?
Per avere le idee chiare ben presto i radiotelescopi di tutto il mondo puntarono le coordinate di origine del segnale per ascoltarlo di nuovo.
E qui il fato, che tanto aveva dato nella scoperta di questa sorgente, si riprese tutto con gli interessi: tutti i tentativi effettuati nel corso degli anni seguenti non diedero alcun esito.
Quel segnale non è mai più stato rilevato, nonostante decenni di tentativi.
Aspettando invano una nuova rilevazione, Jerry Ehman continuò a lavorare sulla registrazione del Big Ear, cercando di comprendere la possibile natura di quel segnale.
Purtroppo, data l'unicità della trasmissione, nel corso degli anni si sono potute fare solamente delle ipotesi in base a logica e razionalità.
Il mistero, quindi, è tuttora irrisolto e probabilmente lo sarà per sempre, almeno fino a quando non lo riascolteremo.
Per prima cosa si pensò al fatto più ovvio: un segnale di origine terrestre, un'interferenza di qualche strumento vicino.
Questa ipotesi venne scartata quasi subito per due motivi:
1) la banda nella quale è stato ricevuto il segnale era (ed è ancora) proibita per tutte le trasmissioni terrestri, quindi nessuno sulla Terra avrebbe dovuto fare quella trasmissione. Ma si sa, le leggi spesso vengono disattese, quindi questo punto non può costituire una prova certa. Tuttavia:
2) Il radiotelescopio Big Ear era costruito sul terreno, quindi fisso. Il grande ricevitore non seguiva il movimento delle stelle ma scandagliava semplicemente porzioni di cielo diverse che si susseguivano grazie alla rotazione terrestre. Il radiotelescopio ascoltava quindi una sorgente per non più di qualche decina di secondi. In questo intervallo di tempo la forma del segna-

le ricevuto aveva un andamento particolare: partiva da zero, raggiungeva la massima intensità dopo 36 secondi, quando si trovava al centro del campo inquadrato, poi decresceva fino a scomparire dopo altri 36 secondi, perché ormai fuori dal campo di vista. Tempo totale: 72 secondi, esattamente la durata, precisa al secondo, del segnale wow. È evidente che la sorgente non poteva trovarsi sulla superficie della Terra, ma doveva ruotare con un periodo molto simile a quello della sfera celeste.

Il radiotelescopio Big Ear dell' Ohio State University

Poteva trattarsi di un pianeta o un asteroide, quindi corpi celesti vicini che avrebbero potuto emettere un segnale così forte?
In quella zona di cielo non c'erano asteroidi o pianeti, e se anche fosse stato non ci sono motivi fisici adeguati per spiegare un segnale con una banda stretta e in una frequenza così peculiare.
Avrebbe potuto essere un satellite artificiale?
Un satellite in lento moto attorno alla Terra (quindi su un'orbita molto alta o osservato da una particolare prospettiva) avrebbe potuto provocare un segnale di durata simile e, se avesse violato gli accordi internazionali (eravamo in periodo di guerra fredda, non è da escludere) avrebbe potuto trasmettere un segnale su una frequenza proibita.

Le conclusioni di Jerry Ehman erano però chiare: in quella zona di cielo, nell'ora di rilevazione del segnale wow, non c'erano satelliti conosciuti (ma è probabile che alcuni satelliti fossero tenuti segreti dai due paesi che cercavano di controllare il mondo: Unione Sovietica e Stati Uniti).

Resta un'ultima, affascinante ipotesi. E per quando improbabile appariva verosimile e non in contraddizione con tutte le analisi: il segnale proveniva effettivamente da una civiltà extraterrestre intelligente.

A causa dell'impossibilità di ricevere di nuovo questa trasmissione non ci sono prove che avvalorano questa ipotesi, ma non ci sono prove neanche per confutarla del tutto.

Non si capiscono i motivi per cui il messaggio non sia più stato rilevato ed è questo il grande problema. Se la trasmissione si fosse ripetuta e l'avessimo sentita di nuovo, probabilmente il tono di questo libro sarebbe stato ben diverso e si sarebbero evitati tanti condizionali e periodi ipotetici come questo.

In realtà sappiamo ancora meno: non abbiamo infatti la più pallida idea da quanto tempo prima della rilevazione era presente e per quanto è andato avanti.

Se Ehman si fosse accorto immediatamente, forse la storia sarebbe stata diversa e ci sarebbe stato tempo per condurre altre osservazioni.

Probabilmente se avessimo conosciuto altre civiltà extraterrestri che trasmettono in questo modo, la nostra visione sul segnale sarebbe stata molto più favorevole a una natura extraterrestre, ma poiché non conosciamo alcuna civiltà che comunica con noi, questa unica trasmissione non può essere interpretata con certezza in questo modo.

Considerazioni tecniche a parte, che ormai lasciano il tempo che trovano perché non si possono di certo verificare, è mai possibile che una civiltà aliena che voglia comunicare lo faccia inviando un unico messaggio senza trasmettere più nulla nella nostra direzione?

È mai questo il modo di farsi individuare?

Forse è meglio non alzare troppo la voce: noi esseri umani, appena tre anni prima, dal grande telescopio di Arecibo lanciammo verso l'ammasso globulare di Ercole quell'unica trasmissione dimostrativa. Se mai qualcuno riceverà questo segnale, proprio come è successo a noi, non sarà in grado di ascoltarlo mai più, perché dai nostri radiotelescopi non è mai più stato ritrasmesso.

Alieno o meno, ripetuto o no, nel 2004, a 35 anni di distanza, il radiotelescopio di Arecibo ha inviato un messaggio di saluto dal pianeta Terra verso la zona in cui è stato rilevato. Il contenuto? Commenti degli appassionati e un paio di video di qualche nostra celebrità. C'è da sperare davvero che quel segnale non fosse alieno, altrimenti rischieremmo di fare una bella figuraccia su scala cosmica!

In realtà, con il progredire della tecnologia e dell'esperienza diversi astronomi impegnati nei progetti SETI sono portati a credere che quello ricevuto fosse un segnale dovuto a qualche strano disturbo; insomma, uno dei tanti falsi positivi che in questi anni diventano sempre più facili da riconoscere (per fortuna!). Nel corso degli anni, in effetti, segnali simili ne sono stati ricevuti molti e tutti puntualmente smascherati: in che modo? Ascoltando simultaneamente con più antenne: se la trasmissione proviene dallo spazio profondo l'intensità non varia da uno strumento all'altro; se è di origine terrestre si avranno notevoli differenze.

A studiare quella zona di cielo nel 1977 c'era solamente un'antenna, quindi non è stato possibile fare questa cruciale verifica.

Il vantaggio (se così possiamo definirlo) del segnale wow è insito nella natura umana: è stato il primo, molto discusso, e ancora tecnicamente irrisolto (anzi, irrisolvibile!) quindi la nostra mente tende a dargli un'importanza maggiore di quanto, probabilmente, ne abbia realmente.

La strana sorgente radio SHGb02+14a

Un altro segnale interessante e ancora non ben compreso è stato scoperto nell'ambito del progetto SETI@home nel marzo 2003 e annunciato il 1 settembre 2004.

A cavallo delle costellazioni dei Pesci e dell'Ariete è stato ricevuto un impulso radio estremamente debole centrato, di nuovo, nella lunghezza d'onda dell'idrogeno neutro.

Contrariamente al segnale wow, questa sorgente è stata osservata per tre volte, quindi sembrerebbe reale.

I problemi in questo caso sono di altra natura. Tanto per cominciare, nella zona di cielo interessata non si osservano stelle per almeno 1000 anni luce. Il segnale emesso presenta poi un andamento periodico, spostandosi dapprima verso il rosso e poi verso il blu. Questo sarebbe compatibile con un'origine su un corpo celeste che ruota attorno a un altro, come un pianeta e la propria stella. Il problema, però, è che la rotazione dovrebbe essere circa 40 volte più veloce del moto di rivoluzione della Terra intorno al Sole. Questo ipotetico pianeta percorrerebbe un giro attorno alla propria stella in circa 9 giorni: un po' troppo poco per evitare una cottura uniforme di tutte le forme di vita, anche primitive (almeno quelle che conosciamo, ma a questo punto avremmo dovuto trovare esseri intelligenti anche su Venere e Mercurio!).

Il fatto ancora più strano è che nonostante lo spostamento della frequenza a causa dell'ipotetica rotazione, ogni volta che il segnale è stato osservato iniziava sempre a 1420 MHz e poi cominciava a oscillare: difficile pensare che sia una semplice coincidenza ripetutasi per tre volte.

Gli stessi curatori del progetto negano che possa trattarsi di un messaggio di origine extraterrestre. Per ora le spiegazioni più probabili implicano qualche fonte di rumore o addirittura un bug nel software SETI@home, poiché è stato individuato solo così.

Tutto qui?

Mezzo secolo di ricerche costanti e tutto quello di cui disponiamo sono un segnale unico mai più ascoltato e un'osservazione che potrebbe benissimo essere dovuta a errore software?

Com'è possibile che su decine di Terabyte acquisiti da tutti i progetti sparsi ovunque nel mondo, alla fine non ci resti niente in mano?

A essere sinceri qualcosa di estremamente importante i programmi SETI l'hanno scoperto, proprio agli inizi negli anni 60, ma di artificiale non hanno nulla: le pulsar.

Poco dopo l'inizio delle osservazioni radio del cielo si individuarono strane sorgenti che emettevano impulsi con una regolarità sorprendente.

Il segnale venne ribattezzato ironicamente "little green men" (piccoli omini verdi), ma ben presto si scoprì che non si trattava affatto di un fenomeno artificiale.

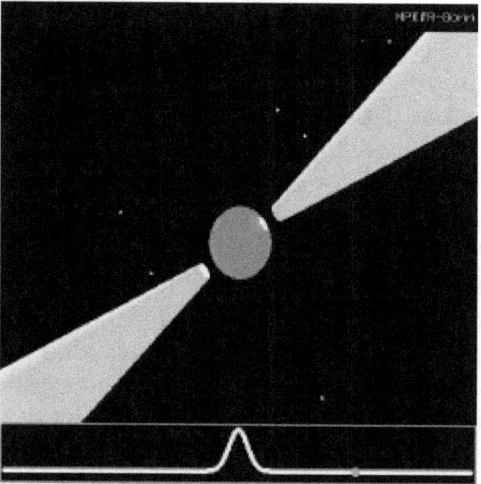

Le pulsar sono nuclei di stelle massicce dal diametro massimo di venti chilometri, che hanno terminato la loro vita e si sono trasformate in stelle di neutroni. Ruotando a grandissima velocità sul proprio asse, anche centinaia di volte al secondo, possiedono un campo magnetico estremamente intenso, sufficiente a deviare verso i poli magnetici ingenti fasci di

Le pulsar sono fari cosmici naturali scoperti dai programmi SETI e per breve tempo creduti di origine artificiale.

elettroni a velocità prossime a quelle della luce. Queste particelle accelerate emettono radiazione elettromagnetica su un

ampio spettro, comprese le onde radio. L'asse magnetico non coincide perfettamente con quello di rotazione, con il risultato che gli stretti fasci di radiazioni ruotano velocemente e producono un grandioso effetto faro di porto su scala cosmica.
Benché l'argomento possa risultare interessante, non ci interessa in queste pagine.
Un fatto curioso legato alla vicenda delle pulsar riguarda la reazione della comunità scientifica, che svegliata da una calma apparente cominciò a porsi seriamente l'interrogativo su quale sarebbe stata la reazione nel caso in cui si fosse ricevuta effettivamente una comunicazione interstellare artificiale. Si discusse molto sull'opportunità di rispondere o meno, su quali avrebbero potuto essere i messaggi da inviare e in quale modo. Insomma, si sperimentò ciò che Carl Sagan nel suo romanzo "Contact" ha perfettamente descritto a seguito dell'evento che ha poi dato inizio alle avventure del genere umano.
Purtroppo quelle speculazioni restarono tali.
L'unica cosa che potrebbe tirarci un po' su il morale sono le dichiarazioni (per niente disinteressate!) degli astronomi che curano il progetto SETI@home: secondo le nuove stime dell'equazione di Drake (sì, ancora lei!), c'è la possibilità statistica che il programma riveli il primo segnale extraterrestre entro il 2020-2025. Ma siamo sicuri che l'affermazione non sia stata fatta per cercare di mantenere in vita un'attività che ha stancato anche gli investitori più pazienti?
Certo, dobbiamo ancora esplorare a fondo una gran parte del cielo. Basti pensare che il radiotelescopio di Arecibo riesce a scandagliare solamente una lunga striscia della sfera celeste larga non più di qualche grado ed è il monitoraggio più lungo e approfondito finora concepito.
E cosa dire delle recenti indagini attorno ai pianeti extrasolari simili alla Terra? Che ne è stato?
In parole estremamente sintetiche: tutto quello che abbiamo ascoltato è stato un assordante silenzio. Silenzio dalle stelle a noi vicine; silenzio da zone casuali in ogni parte della Galas-

sia, silenzio persino da pianeti che potrebbero essere benissimo i nostri gemelli. Silenzio... Nessun rumore captato dallo spazio. E allora, la domanda è lecita: cosa è successo?

Il clamoroso fallimento di qualsiasi attività SETI centrata sull'ascolto delle onde radio ha creato pessimismo tra gli astronomi, fatto scappare gli investitori e alimentato una pungente satira, tra cui la nascita di un'associazione privata denominata WETI (Waiting for Extra-Terrestrial Ingelligence) un gruppo di volontari

Il WETI, una pungente parodia dei progetti SETI.

che dice di cercare gli alieni aspettando comodamente sul divano che si facciano vivi in qualche modo. C'è pure un'applicazione per smartphone che promette di rispettare la filosofia del WETI: aspettare passivamente e senza spendere un centesimo che qualcuno si faccia sentire. E su una cosa non gli si può certo dar torto: l'efficienza del progetto di ricerca passiva è al momento esattamente la stessa di tutti i programmi SETI!

Dove sono tutti quanti?

Il grande genio italiano Enrico Fermi, un giorno, chiacchierando a pranzo con dei colleghi in merito a un presunto avvistamento UFO riportato sui giornali locali di Los Alamos (Stati Uniti), si lasciò sfuggire una concitata frase che poi avrebbe rappresentato il punto di riferimento per tutti coloro impegnati nella ricerca di vita intelligente: "Dove sono tutti quanti?". Esplicitando il ragionamento di Fermi, questa frase sibillina si riferisce a un fatto inequivocabile: se l'Universo brulica di specie aliene evolute, dove sono finite? Perché non ne abbiamo traccia né qui sulla Terra, in miliardi di anni, né nel cielo attraverso le osservazioni?

Con l'inizio dei vari programmi SETI il paradosso di Fermi ha assunto ancora più importanza.

Abbiamo ascoltato in lungo e in largo senza esito per cinquant'anni, quindi, urlando ancora più forte:

dove caspita sono finiti tutti quanti?

L'inefficacia dei programmi SETI è il punto principale su cui si basano i sostenitori della teoria della Terra rara che abbiamo esposto ormai diverse pagine fa. E d'altra parte, almeno istintivamente, come non dargli torto?

Se cercare casualmente potrebbe non costituire un buon modo di procedere, alcuni progetti, tra cui spicca Phoenix, hanno deliberatamente puntato le antenne verso quelle 800 stelle simili al Sole, senza mai trovare alcuna traccia di trasmissione.

Le parabole puntate nel 2011 e 2012 verso i 104 pianeti simili alla Terra non hanno sentito assolutamente niente.

Nessun segnale radio di origine artificiale è stato rilevato, nemmeno in luoghi apparentemente favorevoli allo sviluppo di esseri complessi.

Di fronte al silenzio inaspettato di tutti i programmi SETI sono due le scuole di pensiero che cercano di dare una spiegazione, quindi di provare a risolvere il paradosso di Fermi.

Molti puntano il dito contro il nostro modo di cercare e comunicare. Qualcuno lì fuori ci sarebbe ma non siamo in grado di trovarlo per problemi concettuali e tecnologici. In effetti questa è una possibilità aperta, che in ogni caso non può essere mai scartata: se gli alieni comunicassero in altro modo rispetto alle onde radio che utilizziamo noi? Chi lo dice che dovrebbero trasmettere nei modi in cui abbiamo cercato fino ad ora?

In questo scenario si aggiunge un'altra ipotesi alternativa: gli alieni ci sono, comunicano magari tra di loro e noi non saremmo in grado di rilevare le loro comunicazioni perché nessuna è indirizzata nella nostra direzione. In altre parole, volontariamente o meno, ci ignorerebbero.

Ma allora perché non riusciamo a captare trasmissioni indirette, l'analogo delle nostre tv e radio? Qui ne siamo quasi certi: il segnale sarebbe troppo debole per la nostra strumentazione.

La seconda scuola di pensiero, invece, probabilmente anche con un pizzico d'orgoglio afferma che non abbiamo sentito niente perché non c'è semplicemente niente da ascoltare.

Non esisterebbero esseri intelligenti nelle vicinanze e probabilmente neanche nell'intera Galassia. Perché? Teoria della Terra rara: le variabili in gioco per la creazione di specie intelligenti sono così tante che il loro perfetto incastro si verifica probabilmente una volta su qualche decina di galassie.

Attenzione a non confondersi: qui si parla di vita intelligente, non di forme primitive che tutti riconoscono possano nascere in molti luoghi della Via Lattea.

I più pessimisti si spingono addirittura a dire che noi potremmo essere gli unici abitanti dell'intero Universo, in barba all'espressione di Carl Sagan che sottolineava come tutto questo sarebbe solo un enorme spreco di spazio, e al principio che se qualcosa è possibile con i numeri dell'Universo che tendono all'infinito si realizzerebbe tante volte.

In mezzo a questi due estremi si collocano molte sfumature che devono spiegare l'unico fatto di cui siamo certi: non abbiamo trovato tracce di civiltà evolute. Per colpa nostra o loro?

Forse le parole di un altro astronomo, Richard Dawkins, possono suonare più autorevoli e chiare delle mie:

"La conclusione è così sorprendente che la enuncerò nuovamente. Se le probabilità che la vita sorga spontaneamente in un pianeta so-

no di un miliardo contro una, ciononostante questo evento stupefacente si verificherebbe su un miliardo di pianeti."

E questa forse parrebbe essere la via più saggia per spiegare quest'assordante silenzio.

Lo stesso gruppo di ricerca che ha cercato di ascoltare i messaggi dei pianeti terrestri ha concluso nel febbraio 2013 che probabilmente civiltà avanzate, o meglio, civiltà evolute in grado di comunicare in modo simile a noi, sono effettivamente estremamente rare nella Galassia, forse una su un milione di sistemi planetari in questo nostro momento cosmico, o anche meno, ma noi non saremmo comunque gli unici.

Secondo questo scenario, allora, la famosa equazione di Drake, lasciata in sospeso tanti paragrafi fa, potrebbe restituire un valore massimo (molto ottimistico) intorno a 1000 per la Via Lattea (finalmente un numero!), il che, in termini assoluti, non sarebbe di per sé male. C'è da considerare però l'enorme spazio a disposizione delle stelle per compiere il loro tragitto intorno al centro galattico, qualcosa come 8 mila miliardi di anni luce cubici. Dividendo per mille si ricava una stima della densità delle civiltà in grado di comunicare, pari a una ogni otto miliardi di anni luce cubici. In altre parole, in un cubo dal lato di 1850 anni luce potremmo sperare di trovare in media una specie avanzata che potrebbe potenzialmente trasmettere. Secondo questo calcolo approssimato, quindi, la civiltà a noi più vicina potrebbe trovarsi a circa 2000 anni luce: un po' troppo in là per sperare di ricevere segnali con i nostri radiotelescopi, a meno che non siano intenzionalmente diretti verso di noi ed estremamente intensi. Insomma, potremmo essere effettivamente in pochi (forse anche solo 10 o 100) nello spazio immenso delimitato dalla Via Lattea; troppo pochi per poterci trovare, a meno di imprevedibili e quasi impossibili colpi di fortuna.

Un'ipotesi stuzzicante è quella secondo cui le civiltà aliene siano molto più abbondanti, ma abbiano una durata troppo breve e vivano in tempi così diversi che è estremamente improbabile riuscire a comunicare. Lo scenario attinge a mani basse da quanto abbiamo detto proprio in apertura di capitolo: la nostra civiltà ha le capacità per comunicare da meno di 100 anni e non sappiamo per quanto tempo andremo avanti.

Potremmo, del tutto ipoteticamente, essere stati contattati migliaia di volte nei 4,6 miliardi di anni di storia della Terra, ma non aver dato mai una risposta perché non c'era nessuno in grado di ascoltare. Sperare che qualcuno si faccia sentire in appena 50 anni su un periodo di miliardi di anni, sarebbe come sperare di uscire di casa e trovare un diamante di 10 kg inciampandoci per sbaglio mentre camminiamo sul marciapiede, a meno che non ci trovassimo su un pianeta in cui i diamanti rappresentassero oltre il 90% della superficie.

Non avendo sentito nulla possiamo almeno concludere che civiltà simili a noi, che comunicano con i nostri modi, non sono presenti nelle nostre vicinanze cosmiche, attualmente.

Le considerazioni fatte sulla probabile durata della nostra capacità di ascoltare nascondono anche i peggiori scenari per la fine di una società avanzata. La più gettonata è la strada dell'autodistruzione. È probabile che l'avanzamento tecnologico alla fine porti una società ad autodistruggersi o comunque a regredire fino a precludersi la possibilità di comunicare.

È uno scenario terribilmente attuale da almeno 70 anni per la nostra specie.

Con la guerra fredda e migliaia di missili nucleari puntati gli uni contro gli altri, ci siamo andati molto più vicino di quanto si immagini. Ma forse siamo solo all'inizio dei problemi: le risorse della Terra sono limitate, ne consumiamo molte di più di quelle che si rigenerano e noi siamo sempre più e sempre più affamati.

Nessuno ormai mette in dubbio che questo nostro modello di sviluppo sarà in breve tempo insostenibile. Il problema è capire se ce ne sarà un altro altrettanto valido e magari sostenibile, oppure saremo destinati a una decrescita, se non catastrofica almeno controllata ma altrettanto inevitabile. Questa potrebbe essere un'altra legge naturale e d'altra parte, almeno concettualmente, non sembra campata in aria: tutto nell'Universo ha una fine, persino le stelle, le galassie e il Cosmo stesso. Dobbiamo solo capire quando sarà la nostra.

Secondo questo scenario, la vita senziente non sarebbe allora poi così rara nella Via Lattea, ma risulterebbe sparsa su un periodo temporale di miliardi di anni, che confrontato con i 100 anni di rumore radio, ci dice che la probabilità di incontrarsi nel momento tecnologico propizio alle comunicazioni potrebbe essere di una su un miliardo. La mitica equazione di Drake ci restituirebbe un valore ancora più basso, inferiore a 100.

Questi numeri pessimistici non devono scoraggiare né la ricerca, né noi appassionati ed è probabile che nascondano ben più di una triste casualità.

Se le specie evolute fossero violente e aggressive come la nostra, una caratteristica che viene selezionata dalle severe leggi della natura su questo nostro pianeta, non è da escludere che qualora ci fosse la possibilità, due civiltà vicine nello spazio al punto da comunicare potrebbero sviluppare anche la tecnologia per invadersi, aggredirsi e annientarsi. Di nuovo, questo è uno scenario che sulla Terra è accaduto diverse volte nella nostra storia. Poiché il livello tecnologico delle civiltà non sarà mai perfettamente identico, si verificherebbe facilmente quello che l'uomo occidentale evoluto ha fatto con i nativi americani: i più forti sopravanzerebbero e sterminerebbero i più arretrati, e di questi non resterebbe traccia.

Se siamo qui a leggere il libro e gioire delle belle giornate di Sole e dei cieli stellati non è un caso e lo dobbiamo probabilmente al fatto che nessuno ci ha trovato, grazie a questo assordante silenzio che potrebbe persino diventare il piacevole suono della vita.

La ricerca SETI dovrà continuare prendendo atto della presunta rarità delle specie evolute senza scoraggiarsi, e magari provare a cercare in altri modi, come vedremo nell'ultimo capitolo.

La posta in gioco è così alta e affascinante che ad arrenderci probabilmente non ci penseremo mai; anzi, negli ultimi anni abbiamo raddoppiato, scoprendo migliaia di pianeti e sistemi planetari sparsi ovunque nella Galassia. Questo, forse, è lo stimolo giusto per proseguire più forti di prima. Se poi continueremo a non sentire e non vedere, non ci resterà che prendere atto del fatto che pur non essendo soli saremo costretti a un isolamento eterno.

Sbirciare tra i pianeti extrasolari

È incredibile pensare che oltre 30 anni di ricerche SETI si siano svolte senza conoscere neanche l'esistenza di un pianeta. Eppure questo non ha fermato un progetto che si basava sul fatto che il Sistema Solare di certo non poteva essere unico nell'Universo.

La ricerca di pianeti esterni al Sistema Solare ha origini che risalgono addirittura al diciannovesimo secolo, ma gli strumenti in nostro possesso hanno permesso di trovarli solamente a partire dagli anni 90 del secolo scorso.

Nel 1991 un gruppo di ricerca scopre il primo sistema planetario, anche se molto particolare perché attorno a una pulsar.

Nel 1995 un'anonima stellina di nome 51 Pegasi divenne famosa perché era il primo astro simile al Sole a possedere un pianeta. Da allora il numero di sistemi planetari è cresciuto esponenzialmente nel corso degli anni.

Come ben sappiamo, l'esistenza di pianeti, che magari abbiano determinate caratteristiche, è il primo fondamentale tassello per lo sviluppo della vita.

Se i programmi SETI visti fino ad ora si limitavano alla sola ricerca di specie intelligenti in grado di comunicare con le onde elettromagnetiche, riuscire a osservare altri pianeti ci permette di non escludere nessuna ipotesi, quindi di andare alla caccia di qualsiasi essere vivente.

Attualmente sono quasi 900 i pianeti scoperti e più di 2700 i candidati che richiedono ulteriori osservazioni per essere confermati e caratterizzati.

Appare quindi evidente il grande passo in avanti che abbiamo fatto: sappiamo che nell'Universo esistono molti luoghi potenzialmente adatti allo sviluppo della vita. Le nostre probabilità di trovare almeno qualche microrganismo sono sicuramente molto più grandi di quelle dei pionieri del SETI, se non altro perché ora sappiamo dove cercare e, forse, anche cosa, senza fare troppe assunzioni a priori.

Come si scoprono i pianeti extrasolari?

I pianeti al di fuori del Sistema Solare sono troppo piccoli, deboli e vicini alle proprie stelle per essere osservati direttamente, tranne in rarissimi casi. E questo potrebbe rappresentare già un piccolo (mica tanto!) problema quando tra poco vorremo capire se ci sono degli abitanti.

La rilevazione di questi nuovi mondi fa uso allora di tecniche indirette, che a livello puramente scientifico sono addirittura più forti di qualsiasi immagine.

Non possiamo osservare direttamente i pianeti, ma è possibile rilevare gli effetti della loro presenza attraverso l'analisi delle perturbazioni prodotte sulle stelle attorno alle quali orbitano. Queste sì che riusciamo a vederle molto bene!

Ogni pianeta, per quanto piccolo, quando orbita attorno alla propria stella produce delle perturbazioni gravitazionali che rappresentano la carta d'identità del corpo.

Dalla loro attenta analisi è possibile infatti risalire alle principali proprietà: dimensioni, distanza dalla stella, massa, forma dell'orbita, periodo di rivoluzione.

I metodi indiretti per la rilevazione dei pianeti extrasolari sono sostanzialmente cinque.

Il metodo delle velocità radiali è di gran lunga il più utilizzato e ha portato alla scoperta di oltre l'80% dei pianeti attualmente conosciuti.

Si basa su dei principi relativamente semplici da capire.

Due corpi legati tra di loro dall'attrazione gravitazionale ruotano sempre attorno al centro di massa del sistema, che in generale non coincide con il centro di nessuno dei due corpi.

Un esempio ideale è costituito da due oggetti dotati di uguale massa: il centro di massa si trova esattamente nel punto medio del segmento (immaginario) che unisce i due centri. Mano a mano che la differenza di massa aumenta, il centro di massa (quindi di gravità) si sposta verso il corpo più massiccio, ma non coinciderà mai esattamente con il suo centro geometrico, anche se può essere molto vicino. Questa è una legge fondamentale della Natura ed è valida anche per il nostro Sistema Solare. In effetti è semplicemente un'approssimazione quella di considerare il Sole fisso al centro e i pianeti che vi ruotano intorno. Anche il Sole ruota attorno al centro di massa del Sistema Solare, che si trova nei pressi della sua superficie. Se non è necessario raggiungere precisioni elevatissime, si può considerare quindi il Sole fisso al centro, ma questa è un'approssimazione che non ci possiamo più permettere quando cerchiamo pianeti extrasolari!

In presenza di un sistema di almeno due corpi, entrambi ruotano attorno al comune centro di massa con una certa velocità; questo è il "trucco" che ci permette di mettere in evidenza pianeti attorno ad altre stelle.

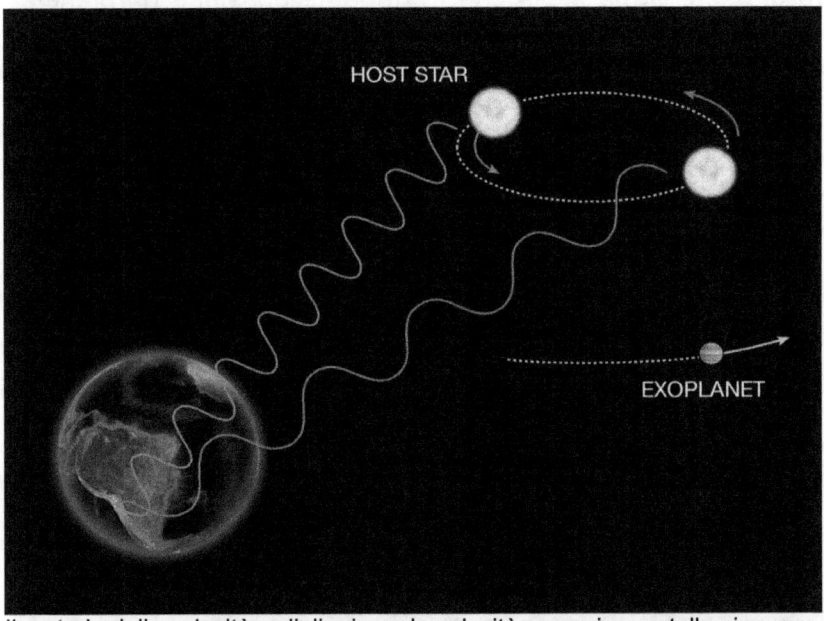

Il metodo delle velocità radiali misura la velocità con cui una stella si muoverebbe su una piccola orbita se fosse circondata da almeno un pianeta.

Sembra incredibile, ma la strumentazione in nostro possesso riesce a misurare velocità di circa 3 km/h per stelle distanti anche migliaia di anni luce, ma ancora non è sufficiente.

Una stella simile al Sole dotata di un pianeta dalle proprietà della Terra fa muovere la sua stella su un'orbita minuscola con una velocità inferiore a 1 km/h, e questo potrebbe essere un problema.

Il metodo del microlensing si basa sull'incredibile effetto di lente gravitazionale. Una sorgente vicina (una stella con eventuale pianeta) che passa prospetticamente davanti a una molto lontana (una stella, un quasar) si comporta come una lente d'ingrandimento, amplificando la luce della sorgente posta dietro di essa. Se la stella che fa da lente possiede un pianeta, anche esso amplificherà l'immagine della sorgente di fondo, attraverso la comparsa di un picco luminoso secondario.

Questo metodo permette di scoprire pianeti relativamente piccoli, anche di massa simile a quella terrestre; purtroppo l'evento di lente è quasi sempre unico e non ripetibile poiché occorre che il moto proprio della stella la porti a transitare prospetticamente di fronte alla sorgente di cui misuriamo la luce.

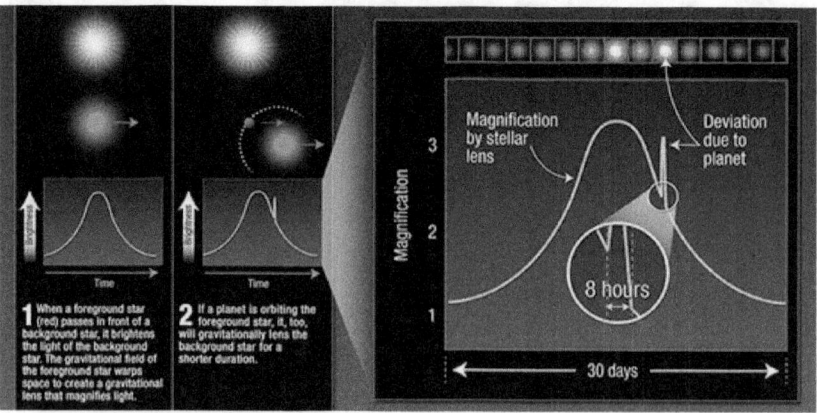

Il metodo del microlensing richiede un po' di fortuna perché è necessario che il presunto sistema stellare passi prospetticamente di fronte a una sorgente molto più lontana.

Il **timing** è applicabile solo a stelle che mostrano dei fenomeni altamente periodici, come le pulsar (resti di stelle esplose): la presenza di un pianeta altera il periodo di pulsazione della stella. Questo metodo, benché molto preciso, non è però pienamente sfruttabile poiché consente di trovare pianeti attorno a stelle ormai morte, e per di più dopo un'immane esplosione.

Il **metodo astrometrico** si basa sullo stesso principio delle velocità radiali, ma analizza un effetto diverso.
Analizzando la posizione della stella oggetto di studio, possiamo, in linea teorica, mettere il luce lo spostamento rispetto ad altre stelle fisse causato dalla presenza di un pianeta.

Infine **il metodo dei transiti** sfrutta un particolare allineamento, che però è possibile al massimo nel 10% dei sistemi planetari.
Quando la nostra linea di vista si trova quasi perfettamente allineata con il pianeta e la propria stella, a intervalli regolari possiamo osservare la sagoma scura del pianeta transitare di fronte al disco stellare e produrre un calo di luminosità, una specie di eclissi parziale.
Anche in questi casi non possiamo osservare direttamente il pianeta attraversare la stella, perché le distanze in gioco sono troppo elevate, ma possiamo costruire quella che si chiama curva di luce, un grafico che mostra l'andamento della luminosità della stella in funzione del tempo.
Quando il pianeta comincia ad attraversare il disco stellare la luminosità decresce, poi si mantiene costante per tutta l'eclissi e ritorna ai valori originari quando il transito termina.
Questo metodo è l'unico, al momento, che ci permette di ricavare dati estremamente precisi sul pianeta, tra cui il raggio in chilometri, l'inclinazione dell'orbita, la massa esatta, la densità media. Questo dato è fondamentale per capire se stiamo osservando un leggero pianeta gassoso, oppure un denso corpo celeste roccioso.

Anche queste rilevazioni, però, sono attualmente ai limiti della nostra tecnologia. Il calo di luminosità prodotto da un pianeta come la Terra che attraversa il disco del Sole è infatti simile a quello prodotto da un minuscolo moscerino che si posa su un lampione stradale!

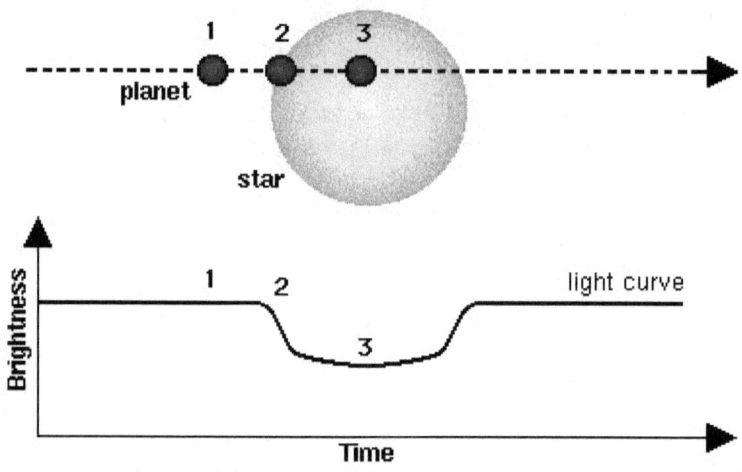

Quando siamo allineati perfettamente lungo l'orbita planetaria, allora possiamo assistere a un transito: il pianeta extrasolare copre per qualche ora parte della luce stellare. Dall'analisi di questa particolare eclisse possiamo ricavare molti dati sul pianeta.

Quanti pianeti ci sono?

Quanti pianeti ci sono quindi là fuori? O meglio, quante stelle possiedono almeno un pianeta?

Dare delle risposte precise è molto complicato, perché tutti i metodi di indagine fanno una selezione a priori.

Se il metodo dei transiti ci fa vedere solo i pianeti la cui orbita è vista di profilo, il metodo delle velocità radiali, di gran lunga più utilizzato, preferisce pianeti estremamente vicini alle proprie stelle. Come se non bastasse, entrambi i metodi sono molto sensibili alla massa dei pianeti, tanto che è davvero difficile scoprire corpi celesti simili alla Terra.

Se su tutto questo ci mettiamo le pure questioni economiche legate ai finanziamenti alla ricerca, che preferiscono dare spazio a programmi di breve durata e risultato garantito, si capisce come sia attualmente molto difficile scoprire tutti quei sistemi planetari composti da corpi celesti le cui orbite assomigliano molto a quelle di Giove e Saturno, per non parlare di Urano e Nettuno. Chi finanzierebbe un progetto di ricerca volto a individuare il transito di un pianeta con un periodo orbitale di almeno 10 anni, con una probabilità di successo inferiore all'1% per ogni stella?

In questo scenario, tipico di una disciplina scientifica ancora agli inizi, i dati statistici sono quindi ancora piuttosto incerti. È infatti impossibile riuscire a osservare tutti i sistemi planetari della Galassia; per scoprire quanti ce ne possono essere dobbiamo indagare un campione statisticamente valido che non sia limitato dai metodi di indagine.

Alcuni astronomi hanno ipotizzato che una percentuale compresa tra il 17% e il 40% delle stelle simili al Sole possa ospitare effettivamente un sistema planetario.

Per stelle simili al Sole si intendono astri appartenenti alla sequenza principale (la parte più stabile della vita di una stella), con massa tra le 0,5 e 2 volte quella della nostra stella.

Questi sono gli astri più abbondanti nell'Universo, tanto che nella nostra Via Lattea ve ne sono circa 200 miliardi: il numero di sistemi planetari potrebbe oscillare tra 30 e 60 miliardi.

Sotto questo punto di vista, quindi, non solo il nostro Sistema Solare non è unico nell'Universo, ma potrebbe rappresentare una regola piuttosto che un'eccezione, proprio come si era portati a credere.

Uno degli studi più importanti e recenti, durato ben sei anni, ci ha dato un quadro ancora più roseo delle prime "proiezioni".

Attraverso i telescopi dell'ESO (European Southern Observatory) sono state monitorate milioni di stelle, al fine di comprendere quanti sono gli eventi di microlensing che coinvolgono un pianeta rispetto al totale, giungendo ad un risultato a dir poco sbalorditivo.

Circa il 17% delle stelle possiede almeno un pianeta di tipo Hot-Jupiter (Giove caldo), corpi celesti gassosi estremamente vicini alle proprie stelle; un dato in linea con le stime effettuate a partire dagli studi condotti attraverso gli altri metodi.

Quello che più sorprende, però, sono le stime per i pianeti meno massicci.

Secondo lo studio, ben il 52% delle stelle possiede un pianeta di taglia nettuniana e circa il 62% ospita le cosiddette superterre, pianeti simili al nostro ma leggermente più massicci.

Vi è da dire che l'errore di queste percentuali è piuttosto elevato e deriva ancora una volta da un metodo che ci da una panoramica ancora non completa.

È infatti vero che con il microlensing gravitazionale è possibile rilevare pianeti senza operare una selezione rigida sulle masse e sulle distanze, ma è anche indubbio che la percentuale di stelle che provoca un evento del genere rispetto al totale è davvero modesta.

Oltre all'esiguo numero di eventi osservati, gli astronomi hanno fatto anche un paio di assunzioni importanti ma critiche:
1) Le stelle osservate rispecchiano la popolazione media della Galassia;
2) I sistemi planetari sono equamente distribuiti nel disco galattico.

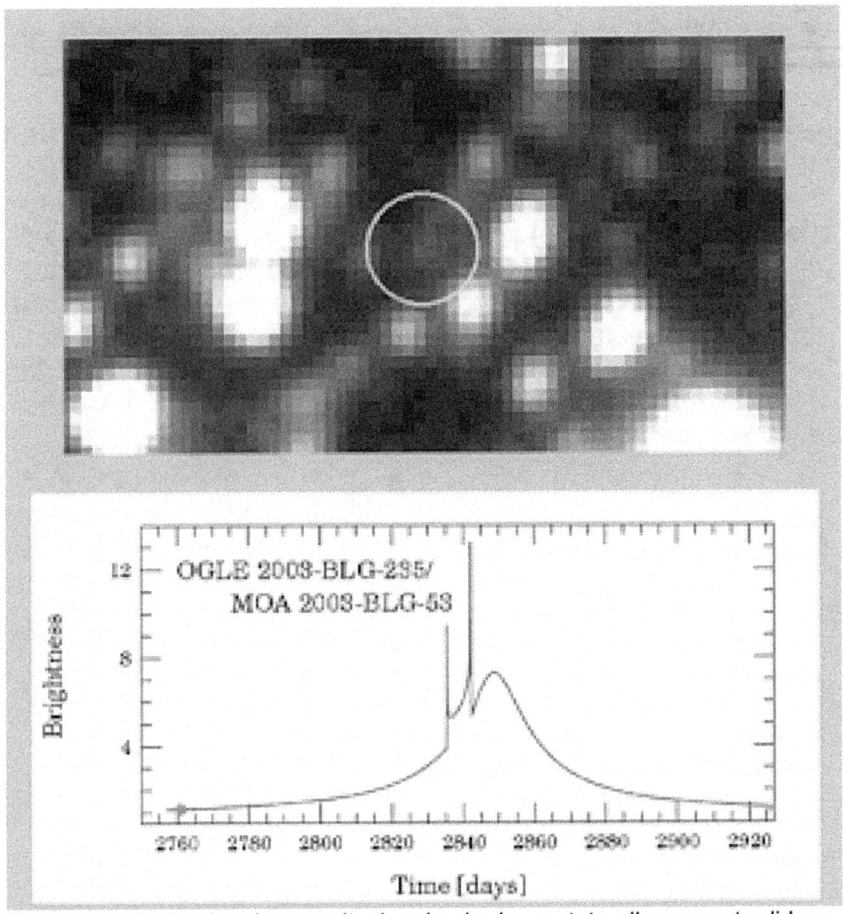

Un evento di microlensing gravitazionale che ha portato alla scoperta di ben due pianeti.

A questo punto il gioco statistico è relativamente semplice da comprendere e per farlo utilizziamo numeri fittizi.
Se su un milione di stelle studiate, gli eventi di microlensing sono solamente 50 e se tra questi si scoprono 40 sistemi pianetari, allora significa che la grande maggioranza delle stelle debba possedere un sistema planetario.

La conclusione, che come vedremo è confermata anche da altri e più recenti dati, è che non solo il nostro Sistema Solare non è unico, ma quasi tutte le stelle della Galassia hanno almeno un pianeta. Questo implica almeno 100 miliardi di sistemi planetari solamente nella Via Lattea. È probabile, quindi, che nella Galassia vi siano addirittura più pianeti che stelle e che una buona percentuale sia composta proprio da quei corpi rocciosi sui quali le molecole organiche si divertono ad aggregarsi e prendere vita. Però, freschi freschi di SETI come siamo, ci viene in mente una domanda: con così tanti pianeti, possibile davvero che esseri intelligenti siano maledettamente silenziosi? Forse abbiamo davvero sbagliato modo di ascoltare, e lo capiremo meglio con l'avanzare delle pagine.

Dove e cosa cercare

Rinvigoriti da un numero immenso di corpi planetari, che probabilmente richiederà secoli per essere indagato adeguatamente, il prossimo passo per cercare forme di vita deve prendere in esame alcune caratteristiche che potrebbero risultare anche stringenti. Sì, perché siamo arrivati anche qui alle nostre irrinunciabili assunzioni.

Ben consapevoli che le forme di vita potrebbero svilupparsi in luoghi e modi molto diversi rispetto al nostro pianeta, noi al momento questo conosciamo, quindi per massimizzare le probabilità di successo andiamo alla ricerca dei pianeti più simili alla Terra. È una questione di probabilità: la vita potrebbe svilupparsi altrove, ma c'è la certezza che su un pianeta uguale al nostro qualcosa ci sia di sicuro.

Pensando alle complicate vicende affrontate nei due capitoli precedenti, questo sembra un gioco da ragazzi; in effetti, alla fine, basta solo avere pazienza di cercare e, naturalmente, gli strumenti adatti.

Dunque, cosa significa cercare un pianeta a nostra immagine e somiglianza? Quali caratteristiche deve avere?

Sostanzialmente le stesse che abbiamo visto quando abbiamo parlato delle condizioni adatte alla vita sulla Terra, sia quelle meno stringenti per la formazione di organismi primitivi, che quelle più severe per un processo evolutivo che porti a esseri complessi e, magari, intelligenti.

Adattando le condizioni più importanti ai sistemi stellari e legandole a quantità che possiamo almeno sperare di misurare, i requisiti fondamentali per un potenziale gemello della Terra sono i seguenti.

Il primo è trovare **un corpo celeste abbastanza massiccio, ma non troppo.**

Un pianeta delle dimensioni di Marte non riesce a mantenere un'atmosfera stabile, quindi le condizioni adatte alla vita. E senza un involucro gassoso di un certo spessore, forme di vita potrebbero trovarsi solamente nelle profondità, come accade per Europa. Ma in questo caso ci sarebbe il problema di rilevarle.

Quindi cerchiamo pianeti in grado di avere **un'atmosfera spessa e duratura**, magari anche un campo magnetico che la protegga dal vento stellare (ma questo non possiamo individuarlo con nessuna strumentazione).

Dai nostri modelli (saranno precisi?), è emerso un intervallo di masse che varia tra le 0,8 e le 8-10 volte quelle terrestri. Pianeti troppo grandi è probabile che siano dei giganti gassosi; i più piccoli non sono stabili e rischiano di fare la fine di Marte.

Per il momento non ci interessa il tipo di atmosfera perché le specie viventi che conosciamo non si fanno troppi scrupoli a mangiare (quasi) qualsiasi tipo di gas, presente anche in quantità relativamente modeste.

Un altro ingrediente fondamentale è sicuramente la presenza di **acqua liquida in superficie**.

È probabile che forme di vita elementare possano prosperare anche in ambienti in cui gli idrocarburi liquidi prendono il posto dell'acqua, quindi a temperature molto inferiori come per Titano, ma ancora ne sappiamo troppo poco per costruirci un progetto di ricerca così importante e dispendioso.

L'acqua liquida in superficie, a prescindere dai processi interni o esterni che ce la possono portare, richiede una combinazione particolare di pressioni atmosferiche e temperature.

Ed è qui che gli astronomi, ancora prima di scoprire pianeti, hanno cercato di definire alcuni concetti molto importanti, che ci proiettano direttamente verso la scoperta di pianeti simili alla Terra.

La fascia di abitabilità

La fascia, o zona di abitabilità cerca di identificare una banda orbitale attorno a una stella entro la quale un pianeta potrebbe sperimentare le giuste condizioni per l'esistenza di acqua liquida in superficie.

L'idea, in apparenza semplice, è complicata da una serie di variabili secondarie che non possiamo ignorare.

Un esempio molto concreto ce l'abbiamo proprio nel nostro Sistema Solare. La Terra si trova sicuramente nella fascia di abitabilità e in effetti contiene grandi riserve di acqua liquida, ma per la Luna, anch'essa compresa, è tutta un'altra storia.

Il concetto di fascia di abitabilità deve essere quindi preso come una possibilità teorica, un potenziale che sta poi al corpo celeste decidere di sfruttare o meno. E questo dipende prima di tutto dalla massa, perché le temperature gradevoli sono diretta conseguenza di un'atmosfera stabile nel tempo e sufficientemente spessa, possibile solamente se il corpo celeste genera abbastanza forza di gravità da trattenerla. Marte, ad esempio, secondo alcune definizioni si troverebbe nel bordo esterno della fascia di abitabilità del nostro sistema planetario, eppure neanche lui possiede, nel presente, acqua liquida.

L'atmosfera, quindi, deve essere della giusta densità, non troppo spessa e neanche troppo sottile.

Altro fattore importante è chiamato dagli astronomi effetto albedo: la copertura nuvolosa può cambiare radicalmente le temperature al suolo e determinare il congelamento dell'acqua nel caso in cui l'effetto serra fosse limitato e la luce solare bloccata, oppure farla evaporare qualora le nubi non siano sufficientemente dense da bloccare un calore stellare troppo intenso.

Inserire nel calderone tutte queste variabili che dipendono anche dalla storia evolutiva del corpo celeste (che non conosceremo mai) è molto difficile.

Il termine fascia di abitabilità è stato definito per la prima volta nel 1993, ma a seguito di migliori studi che hanno preso in considerazione diversi modelli atmosferici e le proprietà delle

177

stelle, all'inizio del 2013 un approfondito studio ha leggermente cambiato i valori.

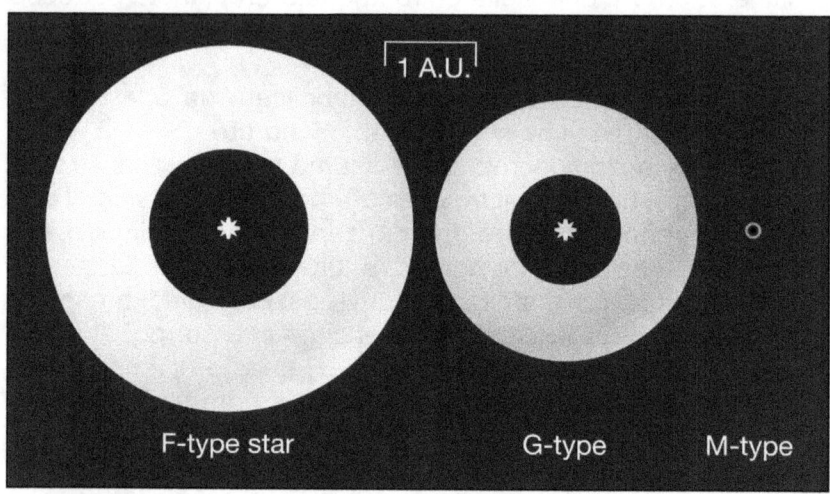

1 A.U.

F-type star   G-type   M-type

La fascia di abitabilità è una stretta zona orbitale attorno a una stella nella quale un pianeta potrebbe avere la possibilità di ospitare acqua liquida in superficie. La sua estensione dipende dalla temperatura della stella e dai modelli che utilizziamo per definirla.

Il lavoro di un nutrito gruppo di ricerca internazionale ha infatti sviluppato il concetto più preciso di zona abitabile che abbiamo a disposizione e dato importanti punti di riferimento per tutti coloro impegnati nella caccia ai pianeti gemelli della Terra.
Per i calcoli sono stati considerati pianeti senza nubi, meglio, senza una copertura nuvolosa significativa rispetto all'estensione della superficie e atmosfere di diversa densità e composizione.
Il bordo interno della fascia di abitabilità è determinato da un pianeta la cui atmosfera non genera un efficiente effetto serra, mentre il limite più esterno da un corpo celeste con un'atmosfera composta prevalentemente di anidride carbonica che produce il forte effetto serra necessario per controbilanciare la scarsa quantità di calore che riceverebbe dalla stella.

Il risultato di questi nuovi modelli, applicato al nostro Sistema Solare, ha permesso di scoprire qualcosa di inaspettato: la Terra si troverebbe attualmente al confine con il bordo interno e non più nel mezzo come ci si aspettava. I margini esterni della fascia si estendono fino all'orbita di Marte, che essendo molto ellittica non è però inclusa del tutto.

La posizione della Terra ci suggerisce uno scenario che in un prossimo futuro potrebbe cambiare, anche se molto lentamente. Il Sole, come tutte le altre stelle, nel corso della vita non mantiene una luminosità costante, sebbene si trovi nella sequenza principale, quindi in una fase relativamente stabile.

Quattro miliardi di anni fa la nostra Stella era il 30% meno brillante di oggi; questo significa che la zona abitabile era sicuramente più vicina e la Terra si trovava quasi nel mezzo. Tra 4,5 miliardi di anni il Sole sarà quasi il 50% più luminoso di ora, con una conseguenza inevitabile: la fascia di abitabilità si muoverà lentamente nel tempo, scivolando verso regioni più esterne mano a mano che l'età avanzerà.

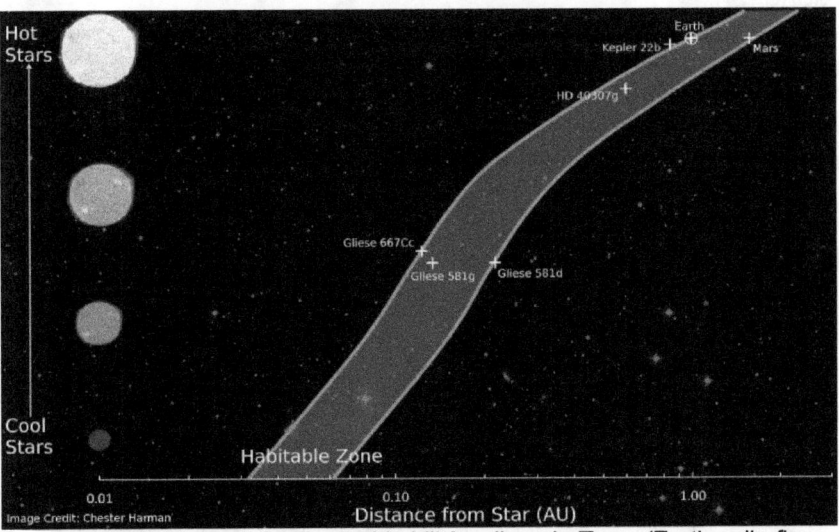

La nuova definizione di fascia di abitabilità colloca la Terra (Earth nella figura) sul bordo interno.

La Terra tra circa un miliardo di anni potrebbe esserne già u-scita, con il risultato che l'acqua sulla superficie comincerà i-nevitabilmente a evaporare e perdersi nello spazio, rompendo definitivamente un equilibrio durato miliardi di anni.

In qualche centinaio di milioni di anni del nostro bellissimo pia-neta azzurro non resterà forse più traccia, desertificato come l'attuale Marte, che invece potrebbe sperimentare un'inaspettata rinascita grazie all'ingresso nella fascia di abi-tabilità, sebbene con un'atmosfera forse un po' troppo sottile per prendere il posto che un tempo era della Terra.

Quello che poi succederà dopo, quando il Sole entrerà nella fase di gigante rossa, è ancora più tragico per il nostro pianeta ma non per altri fortunati corpi celesti, come abbiamo già visto.

Lasciando da parte queste considerazioni poco rosee che ri-guardano il nostro futuro, ora che conosciamo in modo miglio-re la fascia di abitabilità dobbiamo solamente metterci alla ri-cerca dei pianeti adatti. Esistono? Li abbiamo trovati? Quanto sono rari?

Serve ancora un altro po' di pazienza. Per ora facciamo una considerazione puramente probabilistica: la fascia è larga de-cine di milioni di chilometri, quindi in un sistema planetario svi-luppato contenente almeno 3 pianeti è molto probabile che almeno uno si trovi nel posto giusto.

L'indice di similarità terrestre

Poiché l'appartenenza o meno alla zona di abitabilità non im-plica che il pianeta possa avere le condizioni per la vita come la conosciamo, gli astronomi hanno definito un parametro, de-nominato ESI, acronimo di indice di similarità terrestre (Earth Similarity Index), che considera anche le altre variabili citate.

L'indice di similarità terrestre prende come riferimento il nostro pianeta, al quale viene assegnato il valore arbitrario di 1 e analizzando la massa, il raggio, la densità e la temperatura, ci dice quanto quel corpo celeste assomigli potenzialmente alla Terra.

La formula per calcolare il parametro si può applicare a qualsiasi oggetto, anche asteroidi e satelliti.

Affinché un corpo celeste abbia una buona probabilità di essere abitato è necessario un indice pari o superiore a 0,80.

Corpi celesti con valori compresi tra 0,70 e 0,80 potrebbero essere popolati solamente da organismi semplici, probabilmente l'analogo dei nostri estremofili, mentre al di sotto non si dovrebbero trovare condizioni adatte allo sviluppo di vita in superficie. Ciò non toglie che altre forme biologiche potrebbero essere possibili, come gli organismi metanogeni su Titano o nelle profondità degli oceani di Europa.

Titano infatti ha un indice di similarità pari a 0,24, il che significa semplicemente che massa, dimensioni e temperatura superficiale sono estremamente diverse dalla Terra. Europa ha un valore pari a 0,26. In effetti, nessun organismo terrestre potrebbe (forse) prosperare in questi ambienti.

La Luna ha un indice pari a 0,56, più alto dei precedenti perché si trova nella fascia di abitabilità, ma ancora lontano da una condizione propizia alla vita a causa della totale mancanza di un'atmosfera stabile, diretta conseguenza della piccola massa.

Il pianeta più simile alla Terra nel Sistema Solare è naturalmente Marte, il cui indice è attualmente pari a 0,64. I valori possono oscillare a causa dei parametri utilizzati e del "peso" che gli attribuiamo; ad esempio per Marte qualcuno propone un indice ESI pari a 0,70, al limite della sopravvivenza di qualche organismo terrestre semplice.

Questo indice, anche se utile perché ci può dire quali potrebbero essere i pianeti più simili alla Terra, in realtà non ci racconta la storia completa, perché la vita può svilupparsi in modi diversi o richiedere variabili molto più complesse.

Negli anni recenti, allora, è stato definito un altro parametro che cerca di approfondire il discorso e capire quali siano effettivamente i pianeti potenzialmente abitabili, tenendo sempre ben in mente che ancora non li vediamo direttamente.

L'indice di abitabilità planetaria

Un'altra sigla inglese, questa volta identificata come PHI (Planetary Habitable Index, indice di abitabilità planetaria), cerca in qualche modo di approfondire la possibilità che un pianeta ha di ospitare forme di vita, quindi di mettere a disposizione di un qualsiasi ecosistema tutta una serie di richieste in modo da garantirne la sostenibilità su un lungo periodo temporale.

L'indice PHI non è quindi costruito a immagine e somiglianza della Terra (come l'ESI), ma sulle (presunte) esigenze di qualsiasi forma di vita, anche esotica.

L'indice di abitabilità planetaria prende quindi in considerazione aspetti molto più generici:

- La presenza di un qualsiasi liquido in superficie o nel sottosuolo con la funzione di aggregatore di materiale biologico;
- La composizione chimica della superficie, in particolare l'esistenza di molecole organiche, ma anche di azoto, fosforo e zolfo, componenti delle molecole biologiche;
- La disponibilità di risorse energetiche: luce solare, calore residuo all'interno, forze mareali dovute alla stella, a un altro pianeta o un satellite, e presenza di elementi chimici in grado di reagire chimicamente e produrre energia;
- Infine le richieste superficiali: un'atmosfera, una crosta solida e un campo magnetico in grado di proteggere le forme di vita.

Come possiamo vedere non si fanno ipotesi, ad esempio, su quale sia il liquido superficiale o quale debba essere la composizione atmosferica o la distanza dalla stella; chiediamo solamente lo stretto necessario affinché molecole organiche possano avere una superficie su cui poggiare, un liquido per prosperare, energia per i processi e una protezione dalle insidie dello spazio aperto e della propria stella, lasciando aperte le possibilità che si sviluppino nei modi più disparati possibili.

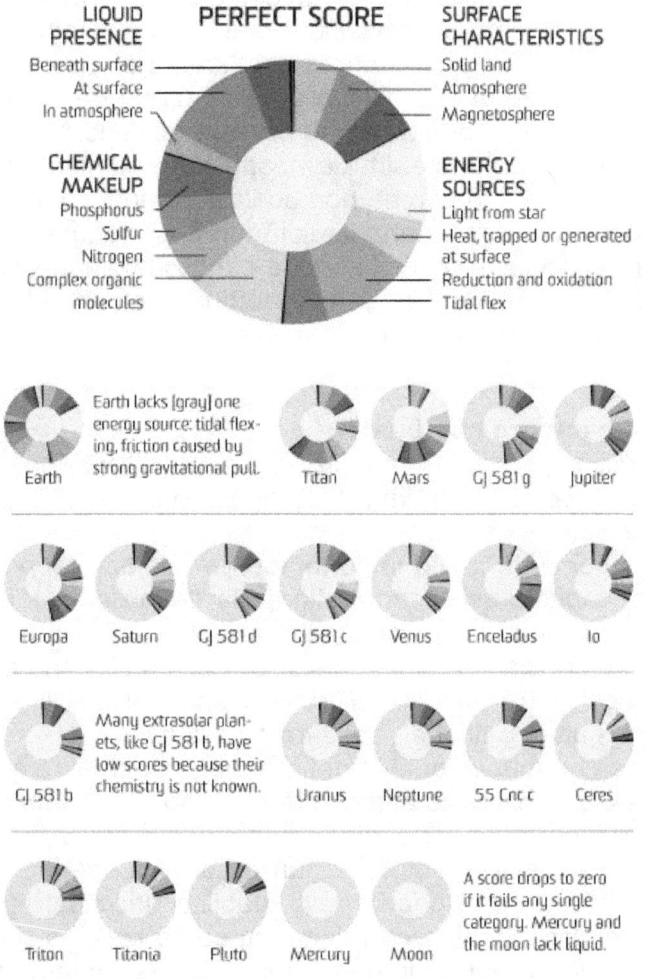

Classificazione di alcuni corpi celesti secondo l'indice di abitabilità planetaria. Dopo la Terra, Titano è il corpo celeste più indicato a ospitare forme di vita stabili nel Sistema Solare.

È ancora una definizione parziale, perché magari ci sono altre caratteristiche che possono favorire lo sviluppo della vita (ad esempio, potrebbe non essere necessaria una superficie solida), ma siamo sicuramente più avanti dell'indice ESI.

Secondo questa nuova classificazione, Titano diventerebbe un luogo migliore di Marte, il primo candidato nel Sistema Solare a ospitare forme di vita oltre alla Terra (che non avrebbe neanche il punteggio pieno perché carente dell'energia derivante da forti interazioni mareali). La nostra Luna, d'altra parte, scivola all'ultimo posto perché non soddisfa pienamente neanche una categoria. Non ci sono liquidi, non ci sono tutte le fonti energetiche richieste, non ci sono le condizioni superficiali (solo la presenza di rocce), e neanche tutti gli elementi chimici per sostenere delle forme di vita.

Potrebbe ancora non bastare

Come già sappiamo, le condizioni da rispettare sono ancora molte per sperare di trovare un pianeta simile alla Terra o comunque abitabile.

Un altro concetto molto importante che abbiamo appena sfiorato nel capitolo precedente allarga la definizione di fascia di abitabilità a una dimensione galattica. Non è infatti sufficiente che il pianeta sia alla giusta distanza dalla stella, ma è necessario che l'intero sistema si trovi in una posizione adeguata della Via Lattea e di qualsiasi altra galassia.

La logica che muove questa definizione e molte altre è sempre la stessa, che nel caso particolare è: se noi ci troviamo in questa posizione della Galassia e non nel centro o in qualche ammasso globulare, potrebbe non essere un caso. Le regioni interne, infatti, non godono della stabilità necessaria; spesso disturbi gravitazionali e grandi eventi come l'esplosione di supernovae vicine potrebbero chiudere irreversibilmente le porte alla vita, persino quella elementare.

Continuando il discorso, non potrebbe essere un caso neanche orbitare attorno a una stella singola, soprattutto quando buona parte degli astri della Galassia sembrano avere uno o più compagni.

Non è neanche casuale trovarsi fuori da un ammasso aperto e lontano dalle calde ed esplosive (letteralmente) stelle azzurre. Se ci facciamo caso, la stella a noi più vicina che potrebbe e-splodere come una supernova è Betelgeuse, a ben 640 anni luce di distanza. Non ce ne sono altre nei paraggi. Il motivo? Se una supernova esplodesse entro un centinaio di anni luce, la vita verrebbe seriamente danneggiata, se non cancellata del tutto.

E allora, continuando ancora, non è neanche un caso se ci troviamo in una galassia quieta e non siamo nati nell'epoca dei quasar, o se non ci sono buchi neri nei paraggi.

Il caso non sembra averci messo bocca neanche sul fatto che noi ci siamo evoluti attorno a una stella tra le più stabili dell'intero Universo e allo stesso tempo longeve. Se la Terra si fosse formata attorno a un astro azzurro non avrebbe avuto il tempo neanche di sperimentare l'aggregazione delle molecole organiche in amminoacidi e proteine, perché sarebbe stata spazzata via dopo poche decine di milioni di anni dall'esplosione della stella. Se avessimo trovato casa attorno a una stella di classe M, invece, probabilmente saremmo stati arrostiti ripetutamente dalle grandi eruzioni che alcuni di questi astri possono produrre.

Poi, naturalmente, ci sono da considerare i fattori già analizzati poche pagine addietro e forse anche altri che potrebbero ancora sfuggirci.

Ma detto in confidenza, forse fare tutte queste illazioni teoriche non è neanche necessario, almeno non per noi e tutti gli a-stronomi osservativi che si concentrano nel cercare candidati pianeti potenzialmente abitabili. In fin dei conti, ora che la tec-nologia sembra permetterlo, è molto più interessante sforzarsi di individuare corpi celesti a prima vista idonei e poi applicargli i nostri modelli e cercare di capire se possono ospitare forme di vita, magari rilevabili in qualche modo che tra poco vedre-mo.

Che cosa abbiamo trovato?

Bene, dopo tante spiegazioni teoriche è giunto il momento di capire a che punto siamo.

Abbiamo trovato pianeti abitabili? È stato scoperto il gemello del nostro pianeta, o comunque un corpo adatto alla vita?

La risposta fino a pochi anni fa era negativa.

I nostri metodi di indagine permettevano di scoprire solamente corpi celesti che neanche esistono nel nostro Sistema Solare: i famigerati Giovi caldi (Hot Jupiters), quanto di più strano e sicuramente lontano dalla vita come la conosciamo possa esserci.

Un tipico Giove caldo è infatti un corpo celeste dalle dimensioni non troppo diverse dal nostro gigante rosso, che come aggravante ha l'estrema vicinanza alla propria stella.

Non un'enorme sfera di gas composta per oltre il 70% da idrogeno e priva di superficie, ma anche bollente oltre i 1000°C.

Sono stati addirittura scoperti Giovi caldi in evaporazione, così vicini alle stelle che la loro atmosfera, come quella di un'immensa cometa, si disperde nello spazio lasciando una coda di centinaia di milioni di chilometri.

Sebbene affascinanti per le teorie di nascita ed evoluzione dei sistemi planetari, questi mondi di certo non possono attirare la nostra attenzione dal punto di vista biologico, a meno di non pensare che forme di vita che non conosciamo, e che la nostra chimica reputa al momento impossibili, abbiano colonizzato questi inospitali luoghi.

Fino al 2007 la situazione non era in effetti rosea: nessun pianeta in fascia abitabile e addirittura quasi nessun corpo celeste che poteva avere la massa e la densità giuste per essere catalogato come roccioso.

Non esistevano corpi celesti di questo tipo? Il Sistema Solare era effettivamente un'eccezione nella Galassia?

Assolutamente no, e nessun astronomo che si rispetti l'aveva mai pensato. Era solamente un problema di tempi e di strumenti.

E in effetti, a partire dal 2007, grazie all'utilizzo di tecniche e strumenti sempre più precisi, si è cominciato a far chiarezza su questo punto e a capire, finalmente, che tanta teoria stava per essere ripagata.

La più grande svolta nella ricerca di pianeti extrasolari di taglia terrestre è avvenuta con il lancio in orbita nel 2009 dell'**osservatorio Kepler**. Senza il disturbo nefasto della nostra atmosfera, le misurazioni potevano essere migliorate di un fattore superiore a 10 per quanto riguarda il metodo di rilevazione attraverso i transiti, quello per cui era stato costruito.
Dotato di uno specchio primario di quasi un metro di diametro (950 mm) l'osservatorio orbita attorno al Sole in un percorso non troppo diverso da quello terrestre ed è stato assemblato e posizionato solamente per un obiettivo: trovare i primi pianeti di taglia terrestre nella zona di abitabilità.
Per la prima volta, quindi, l'uomo ha avuto la possibilità tecnologica ed economica di cercare direttamente pianeti simili al nostro.
Per avere la massima possibilità di rispettare tutte le richieste di abitabilità, Kepler fu puntato in una zona di cielo lontana dall'eclittica: in questo modo avrebbe evitato le polveri, la luce solare e il disturbo causato dalla fascia di asteroidi e da quella di Kuiper. Fu scelto un campo a ridosso della costellazione del Cigno, ai bordi del disco galattico e in una zona posta circa alla stessa nostra distanza dal centro, evitando accuratamente le dense, violente e instabili regioni centrali.
In questa piccola zona di cielo di circa 10°X10°, sono state individuate oltre 140.000 stelle da studiare fotometricamente in dettaglio per rilevare la debolissima traccia di un pianeta terrestre in transito.
Nonostante un campo ristretto (circa lo 0,28% dell'intera volta celeste) e la tecnica che permette di vedere solo quei sistemi planetari quasi perfettamente allineati rispetto a noi, Kepler ha stupito tutti rilevando in appena tre anni oltre 2700 candidati pianeti.

La mole di dati raccolta, analizzata in automatico e inviata a Terra, è così tanta che la missione è stata estesa di 3 anni e mezzo per consentire agli astronomi e allo stesso Kepler di fare tutte le verifiche del caso per confermare senza dubbi i pianeti trovati, soprattutto i più delicati.

Un corpo celeste delle dimensioni della Terra produce, infatti una diminuzione infinitesima della luce della propria stella, in media pari a circa 80 parti per milione.

La precisione di Kepler si è rivelata leggermente inferiore alle attese e non sufficientemente lontana da questo limite. Noi astronomi usiamo di solito dei termini strani presi in prestito dalla statistica, ma qui possiamo semplificare e dire che la traccia di un pianeta di tipo terrestre individuata dagli strumenti di Kepler non ha la certezza del 100% ma un comunque confortante 98% di confidenza. È un valore alto, ma se vogliamo essere certi dobbiamo migliorarlo e l'unico modo che conosciamo, se non siamo disposti a lanciare nello spazio una strumentazione ancora più performante (e super costosa), è osservare almeno una seconda volta tutti i candidati pianeti che cadono troppo vicino al limite di sensibilità. Non è possibile fare questo tipo di misurazioni da Terra, ma si può però tentare l'approccio con altri metodi, in particolare quello delle velocità radiali, che nei recenti anni ha migliorato molto in sensibilità.

Il catalogo completo dei candidati pianeti scoperti da Kepler è disponibile a tutti i ricercatori e gli appassionati dall'ottobre 2012, in modo tale che i centri di ricerca possano dare una mano nel lavoro più importante e sicuramente imponente degli ultimi anni.

Questa è anche una bella lezione che ci regala la scienza per la nostra vita di tutti i giorni: condividere e collaborare in trasparenza e armonia per raggiungere un obiettivo importante e comune, invece di litigare sulla base di stupide e spesso inesistenti differenze.

Il telescopio orbitale Kepler è al momento lo strumento più preciso e sensibi-
le mai sviluppato per dare la caccia ai pianeti simili alla Terra.

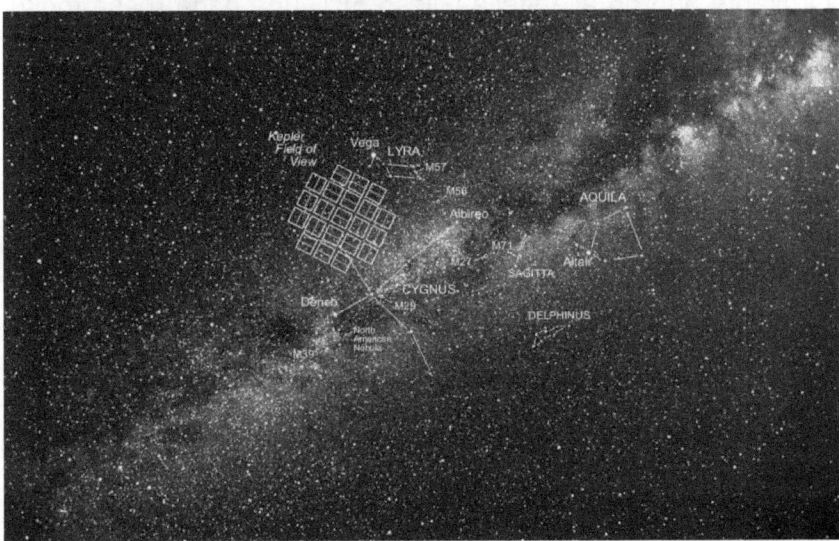

Il campo di cielo in cui il telescopio spaziale Kepler ha dato la caccia ai pianeti extrasolari terrestri.

I pianeti abitabili

Sono stati quindi trovati pianeti simili alla Terra fino a questo momento?

La risposta è affermativa!

Senza considerare i candidati del catalogo di Kepler ancora da confermare, sono al momento 9 i pianeti rocciosi scoperti nella fascia di abitabilità delle proprie stelle. Non molti, se consideriamo che in totale ne sono stati confermati quasi 900, ma potrebbero già essere sufficienti per fare le prime ricerche e, soprattutto, emozionarci.

Il primo pianeta a essere individuato nel pieno della fascia di abitabilità è stato **Gliese 581 d**, addirittura nell'aprile 2007.

Se escludiamo pianeti particolari attorno alle pulsar, che non si sa come siano sopravvissuti alla supernova (qualcuno ipotizza che si siano formati dopo), questo è stato il primo corpo celeste di taglia terrestre rilevato senza dubbi al di fuori del Sistema Solare.

Orbitante attorno alla stella Gliese 581, una nana rossa molto debole con una massa pari a circa 1/3 del Sole, distante 20,5 anni luce nella costellazione della Bilancia, il pianeta appartiene alla categoria delle superterre, corpi celesti dotati presumibilmente di una spessa atmosfera che però hanno ancora una superficie rocciosa e sembrano essere l'anello di congiunzione tra il nostro pianeta e i giganti gassosi.

Le superterre hanno massa compresa tra 1,9 volte e 10 volte quella del nostro pianeta. Gliese 581 d ha una massa minima 5,6 volte maggiore ed è pertanto probabile che si tratti di un pianeta roccioso, un dato confermato anche dalla stima della densità media.

Purtroppo, però, questi sono dati estrapolati da metodi che non consentono misure precise come quello dei transiti, quindi rappresentano dei valori minimi. Senza conoscere l'inclinazione delle orbite è impossibile determinare in modo preciso la massa. Alcune simulazioni al computer indicano che il sistema potrebbe diventare instabile con una massa oltre due volte maggiore, ma questo lascia aperta l'ipotesi che il pianeta possa essere in buona parte gassoso o con una superficie completamente liquida.

Secondo la nuova definizione di fascia di abitabilità, Gliese 581d ora si trova entro la zona in cui è possibile in linea teorica l'esistenza di acqua liquida, sebbene è richiesto che la sua atmosfera sia spessa e costituita in buona parte da gas serra.

Questo, e l'incertezza sulla massa, sono i motivi per cui l'indice di similarità terrestre non è particolarmente alto. Alcuni astronomi lo danno a 0,50, mentre altri a un più confortante 0,70. In ogni caso saranno necessarie ulteriori verifiche e sicuramente ci sono candidati migliori.

A tal proposito non dobbiamo nemmeno fare troppa strada, perché la stella Gliese 581 ha 5, forse 7 pianeti.

Il più promettente è sicuramente il sesto.

Gliese 581 g è un corpo celeste roccioso con massa circa 4 volte maggiore di quella terrestre, scoperto nel settembre 2010 e al momento tra i più simili alla Terra: il suo indice ESI è infatti pari a 0,82.

Situato proprio nel mezzo della fascia di abitabilità della sua stella, ad appena 22 milioni di chilometri, avrebbe una temperatura media compresa tra -37°C e -12°C a seconda della composizione e spessore dell'atmosfera.

È stato quindi scoperto il pianeta gemello della Terra, prima dell'arrivo dei dati di Kepler?

Non proprio.

In effetti qui la storia si complica, come nel migliore thriller cinematografico.

Al momento della scoperta ci fu un grande eco mediatico, con lo scopritore intervistato dai mass media di mezzo mondo che si spingeva addirittura a ipotizzare la vita certa al 100% sulla superficie.

Successive osservazioni effettuate da altri gruppi di ricerca non hanno però mai rilevato la presenza del pianeta. A causa della complessità del sistema di Gliese 581 e della debolezza dei segnali, non è proprio banale capire quanti corpi ci siano veramente.

Ulteriori studi effettuati nell'arco di ben sei anni mostrano come il modello delle velocità radiali della stella si comporti alla perfezione con un sistema planetario composto da 5 corpi; nessun'altra evidenza è stata trovata per Gliese 581g.

Il pianeta, a questo punto, è probabile che non esista, anche se naturalmente i presunti scopritori non sono di questa idea e combattono ancora per provare la bontà dei propri dati.

È un peccato, perché se esistesse davvero sarebbe il candidato perfetto per ospitare forme di vita, almeno primitive.

Non c'è però tempo per disperarsi, perché nel novembre 2011 è stato scoperto, e questa volta confermato, **Gliese667C c**, una superterra con una massa stimata di 4,5 volte quella della Terra, un raggio di poco inferiore a due volte il nostro pianeta posizionato esattamente come la Terra al bordo interno della zona di abitabilità. La stella, Gliese667C, è una nana rossa relativamente giovane, meno di 2 miliardi di anni, distante solamente 23,6 anni luce.

Il pianeta orbita a 19 milioni di chilometri e impiega appena 28 giorni a compiere un giro completo, ma grazie alla debole luce stellare si pensa subisca un irraggiamento molto simile a quello terrestre. Di conseguenza, ipotizzando un'atmosfera in cui vi sia un modesto effetto serra, non troppo diversa dalla Terra, la temperatura media potrebbe essere di 27°C, leggermente più calda di quella terrestre (14°C) ma perfettamente entro l'intervallo necessario all'acqua per restare stabilmente in forma liquida.

L'indice di somiglianza con il nostro pianeta è pari a 0,79.

Le richieste dell'indice di abitabilità potrebbero essere soddisfatte in toto e in effetti Gliese667C c è uno dei candidati migliori per l'esistenza di forme di vita stabili ed evolute.

Non ci sono infatti problemi a ipotizzare che l'acqua possa scorrere liberamente sulla superficie, che grazie alla grande massa il pianeta sia attivo dal punto di vista geologico e possa avere anche un campo magnetico e un ciclo stagionale, se la sua rotazione non è bloccata dall'azione mareale con la vicina stella.

Se l'appetito viene mangiando, proseguiamo la ricerca e chiediamoci: ma i pianeti scoperti da Kepler dove sono finiti?
Moltissimi devono essere ancora confermati e promettono molto bene, ma intanto ce n'è uno che si colloca nelle prime posizioni della classifica: **Kepler 22b**, individuato a dicembre 2011, è una probabile superterra nella fascia di abitabilità, o, almeno, questo è quello che si pensava in precedenza.
Il pianeta è il primo corpo di taglia terrestre nella zona abitabile (o molto adiacente) scoperto con il metodo dei transiti, ed è anche il primo orbitante attorno a una stella simile al Sole, con un periodo di 290 giorni.
Il metodo dei transiti ha permesso subito di identificare il raggio planetario, pari a 2,2 volte quello terrestre. Purtroppo, però, per conoscere la massa sono necessari anche studi delle velocità radiali, che ancora non hanno dato esiti precisi.
Le rozze stime dicono che c'è una probabilità del 99% che sia inferiore a 124 volte quella della Terra, ma questo naturalmente non è sufficiente per capire se si tratta di un corpo gassoso o roccioso. La probabilità che la massa sia inferiore a 36 volte la Terra scende al 68%. Attualmente si crede che il valore più probabile sia intorno alle 6,4 volte la massa della Terra, quindi vicino al limite tra un pianeta roccioso e uno gassoso (per quanto ne sappiamo).
Le recenti revisioni della fascia di abitabilità lo collocherebbero poi leggermente fuori dal bordo interno, il che significa che se avesse un'atmosfera spessa come quella di Venere e composta quasi completamente da gas serra, probabilmente sperimenterebbe temperature simili.
Se invece la composizione e la densità fossero simili a quelle terrestri, la temperatura media potrebbe essere attorno ai 30°C, con l'esistenza di acqua liquida su grandi aree, magari concentrate in prossimità dei poli. Attualmente si crede, anche se non ci sono prove dirette, che il pianeta possa effettivamen-

te ospitare acqua liquida in superficie, ma si tratterebbe di un corpo celeste ibrido tra uno roccioso e uno gassoso. La sua spessa atmosfera nasconderebbe un immenso oceano d'acqua esteso per tutto il globo. L'indice di somiglianza terrestre è pari a 0,75.

Molto simile a Kepler 22b, **Tau Ceti e** è una superterra di circa 5 volte la massa della Terra, distante appena 11,9 anni luce e con un periodo orbitale di 168 giorni.
È attualmente il pianeta extrasolare potenzialmente abitabile più vicino al nostro Sistema Solare e questo potrebbe essere un buon obiettivo per futuristiche missioni automatiche di esplorazione. Il problema di questo corpo celeste, oltre alle incertezze sulla massa, è la vicinanza alla propria stella, al punto che la temperatura media, con un'atmosfera simile alla nostra, sarebbe attorno ai 70°C, forse un po' troppo elevata per permettere all'acqua di restare liquida se non nelle zone a ridosso dei poli.
La grande massa, però, è possibile che abbia accumulato un'atmosfera molto più spessa, con un effetto serra superiore a quello di Venere. L'indice ESI è pari a 0,74.

Nella seconda parte della classifica si posiziona **Gliese 163 c**, un'altra superterra pericolosamente vicina al limite per un pianeta gassoso (8,3 masse terrestri è la stima), sul bordo interno della vecchia definizione di fascia di abitabilità. Dovrebbe essere un pianeta molto caldo come il precedente, con una temperatura media di 61°C nel caso in cui l'atmosfera non producesse un elevato effetto serra.
L'indice ESI scende a 0,68.

Andando avanti troviamo un pianeta controverso perché non confermato: **HD40307g**. Dovrebbe essere una superterra simile a Gliese 163c, quindi poco somigliante alla Terra (ESI 0,67).

Durante la stesura di questo volume (aprile 2013), Kepler ha confermato altri due pianeti di tipo terrestre in un sistema occupato da ben cinque corpi celesti che orbitano attorno a una stella di classe K, più fredda del Sole ma non quanto le piccole e a volte pericolose di classe M.

Il più interessante è senza dubbio **Kepler 62e**, una superterra il 60% più grande (in raggio) della Terra che si trova nel nostro stesso punto all'interno della fascia di abitabilità. Significativamente più piccolo di Kepler 22b e di Gliese 667C c, attualmente è il pianeta confermato, quindi sicuramente reale, più simile alla Terra, tanto da vantarsi di un indice di similarità pari a 0,82. La sua massa dovrebbe ancora essere almeno un paio di volte maggiore del nostro pianeta, ma è sicuramente un corpo roccioso che potrebbe ospitare con ottima probabilità le condizioni adatte per la vita.

Se i più pessimistici potrebbero leggere nei valori della massa la possibilità di avere un'atmosfera un po' troppo spessa, quindi calda a causa di un forte effetto serra, il sistema contiene anche **Kepler 62f**, un'altra superterra circa il 40% più grande del nostro pianeta che si trova nel mezzo della fascia di abitabilità. Ha un indice di similarità molto più basso, pari a solo 0,69, ma a questo punto abbiamo una specie di assicurazione cosmica. Con due superterre quasi identiche nella fascia di abitabilità, è molto probabile che almeno una delle due abbia le condizioni adatte per l'esistenza di acqua liquida in superficie.

Con questa doppia scoperta anche gli stessi responsabili di Kepler si sono sbilanciati affermando che i due pianeti possono rappresentare un'ottima possibilità per cercare con successo forme di vita.

In un volo di immaginazione, che ogni tanto non può che farci bene, potremmo spingerci a ipotizzare che specie evolute nel sistema Kepler 62 abbiamo colonizzato entrambi i pianeti, attuando quello che noi sicuramente avremmo fatto se Marte fosse stato altrettanto appetitoso.

Tornando con i piedi a terra (questo mi impone il ruolo), a guardare il pelo nell'uovo non ci sono al momento corpi celesti che siano ancora più simili in massa alla Terra.

Non a caso si parla di superterre, termine coniato pochi anni fa per definire una classe di oggetti che è ancora molto oscura quanto a caratteristiche atmosferiche e superficiali.

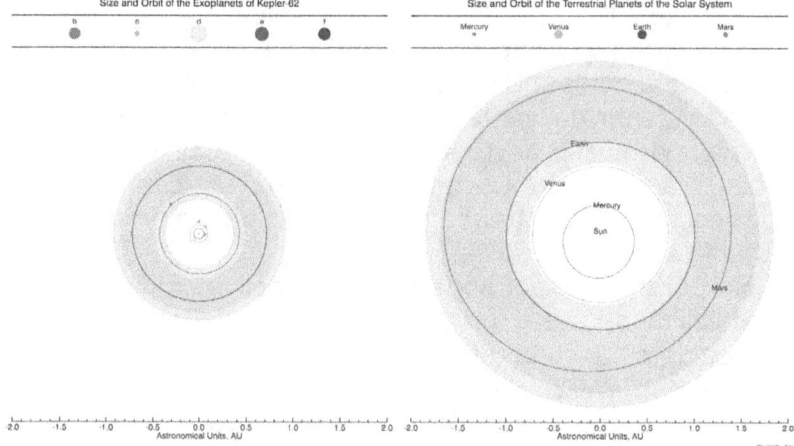

Confronto tra il sistema planetario Kepler 62 (a sinistra) e il Sistema Solare. In verde intenso è tracciata la fascia di abitabilità secondo la nuova definizione del 2013.

La logica, confortata dai modelli fisici a disposizione, vuole questi pianeti come anello di congiunzione tra corpi rocciosi con atmosfere relativamente sottili e pianeti completamente gassosi, sempre più simili a quest'ultimi mano a mano che aumenta la massa. Ma in realtà nessuno ha idea di come sia fatta una superterra, soprattutto le più massicce.

Potremmo avere di fronte corpi celesti con involucri di gas solamente un po' più densi del nostro, oppure pianeti quasi completamente gassosi con un'atmosfera decine di volte più spessa ed estesa di quella di Venere. In questi casi la superficie solida potrebbe trovarsi migliaia di chilometri in profondità e a temperature estremamente elevate, oppure non esserci affat-

196

to. Al suo posto un grande e omogeneo oceano d'acqua ad alta pressione simile in tutto e per tutto ai bacini di idrogeno metallico nelle profondità di Giove e Saturno.

Nel Sistema Solare non abbiamo una tale varietà di corpi da studiare: la Terra è il pianeta roccioso più grande, poi il gradino successivo è costituito da Urano, che contiene già più di 200 volte la sua massa. Sembra comunque molto probabile, oserei dire quasi certo, che i pianeti con una massa inferiore a 5 volte quella del nostro pianeta possano essere rocciosi e ospitare condizioni ideali al di sotto della spessa atmosfera.

La scoperta dei due pianeti nel sistema Kepler 62 ci fa ben sperare: sono infatti corpi non molto più massicci della Terra, di dimensioni poco superiori, quindi formati sicuramente per gran parte da elementi rocciosi.

Non aver scoperto ancora pianeti con massa quasi identica alla Terra nella zona di abitabilità non deve né spaventare, né tanto meno scoraggiare. Però, certo, se trovassimo un corpo meno massiccio i dubbi residui potrebbero essere spazzati via definitivamente e dormiremmo sicuramente sonni più tranquilli.

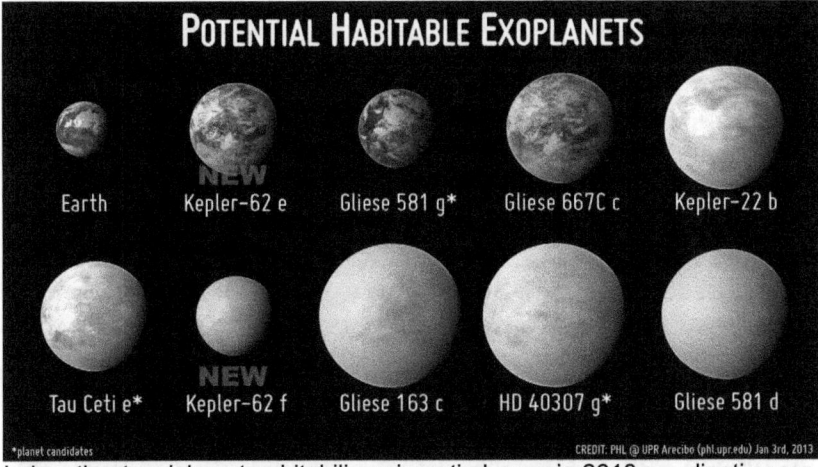

I pianeti potenzialmente abitabili aggiornati al maggio 2013 e ordinati secondo l'indice ESI (dal maggiore al minore). I corpi contrassegnati da un asterisco non sono confermati. Planetary Habitability Laboratory.

Potential Habitable Exoplanets: 9
Known confirmed and unconfirmed potentially habitable exoplanets discovered by all the world ground or space observatories.

Name	pClass	hClass	M(EU)	R(EU)	P(days)	D(lyr)	Teq(K)	Ts(K)	ESI
Kepler-62 e	Warm Superterran	M	3.58	1.61	122.4	1200.0	261.	304.	0.83
Gl 581 g*	Warm Superterran	M	2.59	1.41	32.1	20.2	231.	283.	0.82
GJ 667C c	Warm Superterran	M	4.91	1.86	28.1	23.6	246.	300.	0.79
Kepler-22 b	Warm Superterran	M	6.36	2.10	289.9	535.9	250.	304.	0.75
tau Cet e*	Warm Superterran	T	4.95	1.86	168.1	11.9	282.	336.	0.74
Kepler-62 f	Warm Superterran	P	2.58	1.41	367.3	1200.0	201.	243.	0.69
Gl 163 c	Warm Superterran	T	8.30	2.41	25.6	48.9	279.	334.	0.68
HD 40307 g*	Warm Superterran	M	8.18	2.39	197.8	41.7	224.	279.	0.67
Gl 581 d	Warm Superterran	P	6.86	2.18	66.7	20.2	181.	236.	0.50

* planet candidates

Lista dei pianeti abitabili aggiornata a maggio 2013, con la stima delle principali caratteristiche. Fonte: Planetary Habitability Laboratory.

Le candidate terre

Nel catalogo dei candidati pianeti di Kepler ci sono altri 18 pianeti in attesa di conferma che possono avere caratteristiche estremamente interessanti e ancora più simili alla Terra.

Uno dei più interessanti è senza ombra di dubbio un oggetto denominato provvisoriamente KOI-1686.01, annunciato il 7 gennaio 2013.

Dalle dimensioni di poco superiori alla Terra (30%), si tratta di una quasi-Terra con una massa stimata intorno a 2 volte quella del nostro pianeta.

Se avesse un'atmosfera simile a quella terrestre, avrebbe una temperatura media di 24°C, perfetta per l'esistenza di una fonte d'acqua liquida stabile. Con un indice ESI pari a 0,89 è attualmente il pianeta più simile alla Terra che conosciamo, a patto che venga confermato (e questo è probabile al 95%). Se i dati sulla massa non differiscono troppo dal valore reale, potremmo essere di fronte a un corpo celeste dotato di superficie solida e un'atmosfera che garantirebbe il pieno sostentamento dei processi biologici.

Ma anche altri candidati sono estremamente interessanti, come KOI-3010.01, altro oggetto della classe delle superterre con massa pari a 2,7 volte il nostro pianeta e un raggio del 40% superiore, situato nella fascia di abitabilità e con un indice ESI pari a 0,87.

Insomma, la morale della storia la possiamo apprendere guardando prima di tutto qui sulla Terra, proprio tra gli abitanti della nostra stessa specie: un cinese e un keniota sono individui molto diversi, ma sempre esseri umani. È molto probabile, quindi, che non sia necessario trovare un clone perfetto del nostro pianeta per scoprire forme di vita, anche evolute e complesse: le superterre finora individuate potrebbero essere più che sufficienti e non è detto neanche che siano le uniche opzioni possibili nell'immediato futuro.

Cercare la Terra sulla luna
Una svolta importante nella ricerca del nostro pianeta (quasi) gemello potrebbe arrivare da luoghi a prima vista insospettabili, rilevabili con la prossima generazione di telescopi: le lune.
Sono ormai 80 i pianeti di tipo gioviano scoperti nella fascia di abitabilità e 6 di tipo nettuniano. Nel catalogo di Kepler ce ne sono altri 42 (22 gioviani e 20 nettuniani) in attesa di ulteriori conferme. Per quanto sappiamo dal nostro Sistema Solare, tutti i pianeti di grandi masse possiedono numerosi satelliti naturali, anche di cospicue dimensioni.
Non ci stiamo riferendo a corpi celesti troppo piccoli come la nostra Luna, ma a oggetti che potrebbero assomigliare in tutto e per tutto all'immaginario Pandora del film Avatar. Lune con massa superiore a quella di Titano e Ganimede, magari in orbita attorno a pianeti gioviani che non si trovano, come la Terra, sul bordo interno della zona di abitabilità, potrebbero avere le condizioni perfette per un'atmosfera spessa e acqua liquida in abbondanza.
In questo caso, quindi, i grandi pianeti gioviani, alcuni diverse volte più massicci del nostro gigante, rappresentano sicuramente una risorsa da non sottovalutare, soprattutto tenendo in considerazione alcune interessanti proprietà dei corpi del Sistema Solare.
Durante il processo di formazione di un sistema planetario, attorno agli oggetti di maggiori dimensioni si accumula proba-

bilmente abbastanza materiale da creare un vero e proprio sub sistema planetario.

La quantità di gas e polveri dipende criticamente dalla forza di gravità del pianeta. Per il Sistema Solare il numero magico è 10^4: il rapporto tra la massa di una luna e il suo pianeta gassoso è di circa 1:10.000. Se questa è una regola generale (sembra di si), allora non è difficile stimare quanto debba essere massiccio un pianeta gioviano nella fascia di abitabilità affinché almeno una sua luna possa contenere abbastanza materia da trattenere un'atmosfera stabile.

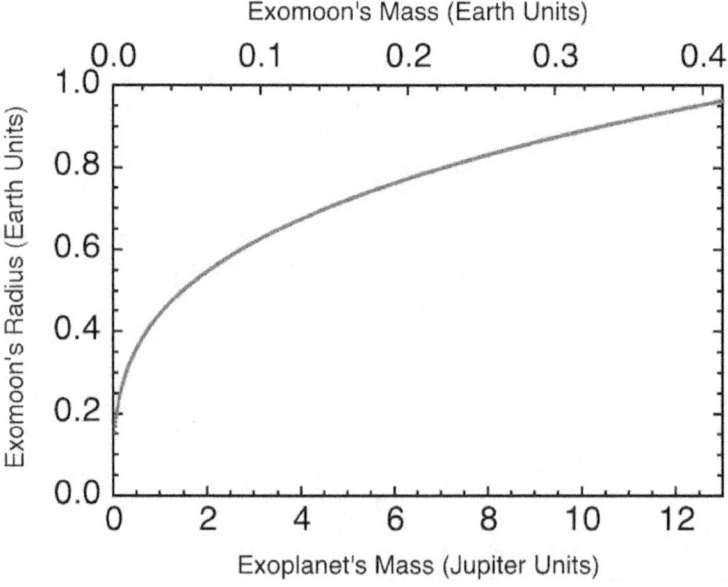

La relazione tra la massa di un pianeta e la conseguente massa delle lune più grandi ci dice che probabilmente un corpo celeste 4 volte più massiccio di Giove nella fascia di abitabilità potrebbe ospitare una Luna molto simile alla Terra. Si pensa che affinché un corpo celeste possa avere un'atmosfera stabile non debba essere più di dieci volte meno massiccio della Terra (e magari possedere un campo magnetico). Fonte: Planetary Habitability Laboratory.

Ipotizzando una composizione chimica ricca di acqua, si scopre che attorno a pianeti con una massa superiore a 4 volte quella di Giove potrebbero esistere lune abbastanza massicce da soddisfare le nostre richieste.

Il fatto estremamente incoraggiante è che i pianeti gioviani nella fascia di abitabilità sono relativamente semplici da rilevare ormai.

Non sono stati individuati ancora segni di lune extrasolari, ma tutti sono concordi nell'affermare che dovrebbero esistere e potrebbero essere delle dimensioni giuste.

Molte sono probabilmente oltre la nostra attuale soglia di rilevazione, ma forse, spulciando bene nella grande mole di dati raccolti da Kepler, potremmo trovare in qualche transito gioviano una leggerissima impronta causata da un satellite di dimensioni non troppo diverse da quelle del nostro pianeta. In fondo, con la scoperta del transito di pianeti con massa simile a Marte e Mercurio, Kepler ha dimostrato di essere potenzialmente in grado di darci almeno qualche piccolo indizio.

Dalle informazioni a disposizione sono stati già estrapolati alcuni seri candidati che andranno meglio indagati in un prossimo futuro. Probabilmente siamo vicini anche alla scoperta di Pandora: chi ci avrebbe mai pensato?

Candidates for Potential Habitable Exomoons from Confirmed Exoplanets: 25

Objects of interest for the search of habitable exomoons among the confirmed exoplanets. Only large warm jovians are most likely to have large exomoons with habitable surfaces (not considering the possibility of subsurface life).

Name	pClass	hClass	M(EU)	R(EU)	P(days)	D(lyr)	Teq(K)	Ts(K)	ESI
HD 222582 b m	Warm Subterran	P	0.28	0.66	572.4	136.9	222.	264.	0.86
HD 86264 b m	Warm Terran	P	0.26	0.64	1475.0	236.7	214.	257.	0.83
HD 38801 b m	Warm Subterran	T	0.39	0.73	696.3	324.0	281.	325.	0.83
HD 202206 b m	Warm Subterran	T	0.64	0.86	255.9	151.1	278.	324.	0.82
HD 33564 b m	Warm Subterran	M	0.33	0.70	388.0	68.4	274.	317.	0.82
HD 28185 b m	Warm Subterran	M	0.21	0.60	383.0	128.4	242.	283.	0.81
HD 16175 b m	Warm Subterran	M	0.16	0.56	990.0	194.9	244.	284.	0.79
HD 141937 b m	Warm Subterran	P	0.36	0.71	653.2	109.1	216.	260.	0.78
HD 23596 b m	Warm Subterran	P	0.30	0.67	1565.0	169.5	220.	263.	0.77
HD 39091 b m	Warm Subterran	P	0.38	0.73	2049.0	59.7	202.	247.	0.77
HD 92788 b m	Warm Subterran	M	0.12	0.51	325.8	107.0	246.	285.	0.77
ups And d m	Warm Subterran	P	0.32	0.69	1302.6	43.9	218.	261.	0.77
HD 213240 b m	Warm Terran	P	0.17	0.56	951.0	132.8	223.	264.	0.76
HD 221287 b m	Warm Subterran	M	0.11	0.50	456.1	172.5	259.	298.	0.76
HD 183263 b m	Warm Subterran	P	0.13	0.52	626.5	172.8	230.	270.	0.76
HD 196885 A b m	Warm Subterran	P	0.11	0.49	1326.0	107.6	228.	267.	0.74
HD 10697 b m	Warm Subterran	P	0.20	0.60	1076.4	106.1	222.	263.	0.74
HAT-P-13 c m	Warm Subterran	M	0.53	0.81	448.2	697.6	276.	322.	0.74
HD 125612 b m	Warm Subterran	P	0.11	0.49	502.0	172.2	224.	263.	0.73
30 Ari B b m	Warm Terran	T	0.36	0.72	335.1	128.4	300.	344.	0.73
HD 153950 b m	Warm Subterran	M	0.10	0.48	499.4	161.7	272.	310.	0.72
HD 38529 c m	Warm Subterran	P	0.56	0.83	2134.8	128.1	202.	248.	0.72
HD 132406 b m	Warm Subterran	P	0.21	0.60	974.0	231.5	209.	250.	0.70
HD 11506 b m	Warm Subterran	P	0.13	0.51	1270.0	175.5	201.	240.	0.62
HD 169830 c m	Warm Subterran	P	0.15	0.54	2102.0	118.4	196.	236.	0.62

Lista delle candidate lune attorno a pianeti gioviani situati nella fascia di abitabilità. La stima della massa (M), rispetto alla Terra, si basa sulla legge che nel Sistema Solare lega la massa planetaria a quella delle lune più grandi. Fonte: Planetary Habitability Laboratory.

Come riconoscere la vita?

Allontaniamoci per un momento dalle questioni legate al numero e alle caratteristiche dei pianeti abitabili scoperti o in attesa di conferme – faremo il punto della situazione nel prossimo e conclusivo paragrafo – e chiediamoci piuttosto un'altra cosa: ora che abbiamo cominciato a scoprire pianeti abitabili, come facciamo a sapere se lo sono effettivamente o meno? Ovvero: qual è il passo successivo alla mera individuazione per capire se effettivamente c'è vita in quei lontani mondi?

A livello logico e fisico non è difficile tracciare una specie di road map; molto più complicato, come al solito, riuscirci davvero perché siamo al limite, forse oltre, della nostra attuale tecnologia.

Il problema principale in questi casi è sostanzialmente uno: questi benedetti pianeti abitabili non si riescono a osservare direttamente. A meno di non aspettare la prossima generazione di supertelescopi (alcuni con specchi di oltre 30 metri di diametro e con la promessa di riuscire a vedere pianeti terrestri) pronta non prima del 2020, dobbiamo comprendere cosa fare con la strumentazione attuale. E poi, detto sinceramente, anche se riuscissimo a vedere direttamente questi pianeti non ci sarà mai alcuna speranza di osservarne le superfici e scoprire omini verdi che ci salutano. Potremmo capire meglio le proprietà orbitali e finalmente stimare in modo preciso la massa, ma poi dovremmo essere più creativi.

Quello che possiamo fare, e sicuramente lo faremo meglio proprio con i grandi telescopi in costruzione, è ottenere lo spettro della loro atmosfera. Questo ci consentirebbe in un sol colpo di determinarne la temperatura, la densità, la pressione e la composizione chimica. Insomma, capiremmo quali pianeti rimarrebbero nella lista di abitabilità perché dotati di un involucro gassoso che garantisce una temperatura media accettabile, e quali invece sarebbero più simili alla fornace venusiana.

Una volta selezionati i veri pianeti terrestri, in che modo ci sarà utile lo spettro? Può dirci altro?
Certamente.

Indagando i processi biologici del nostro pianeta abbiamo imparato che questi cambiano inevitabilmente l'ambiente in cui vivono, in particolare le proprietà e la composizione delle atmosfere, se diffusi su larga scala.

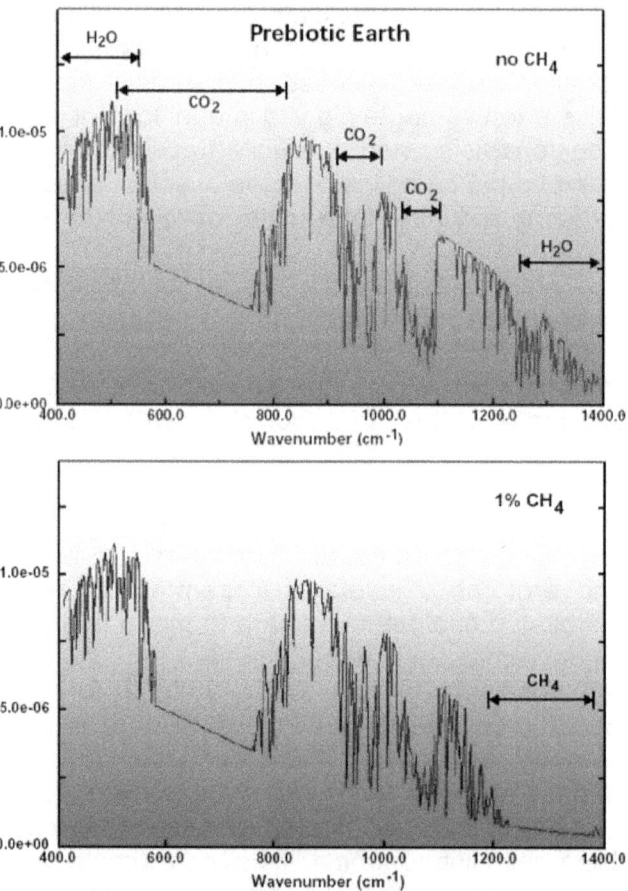

Differenze nello spettro di un pianeta, in questo caso la Terra, prima della comparsa della vita (in alto) e dopo che si è estesa a tutto il globo (circa due miliardi di anni dopo). Il metano è il gas di scarto di molti organismi elementari. L'ossigeno e l'ozono (visti nell'immagine di pagina 58), sono i marcatori di forme di vita fotosintetiche.

Come visto nel capitolo dedicato alla vita sulla Terra, la nostra atmosfera un tempo era estremamente diversa rispetto all'attuale, con più anidride carbonica e priva di ossigeno.

Questo è proprio il marcatore per eccellenza di processi biologici più complessi e a base fotosintetica. Se dovessimo trovare grandi quantità di ossigeno nelle atmosfere dei pianeti abitabili, potrebbe significare con buona probabilità che ci sia in atto qualche processo biologico di massa che l'ha prodotto.

La mancanza di questo gas, d'altra parte, non costituisce di certo la prova che non ci sia vita.

Un altro marcatore importante, questa volta della vita primordiale, è allora il metano, il gas di scarto prodotto da molti semplici microrganismi.

Il metano presente sui pianeti nella fascia di abitabilità ha anche un'altra bella proprietà: quando è in atmosfera viene dissociato dalla radiazione stellare in altri composti; la sua presenza, quindi, è indice di qualche processo che lo genera continuamente.

È tutto interessante e promettente, ma possiamo fare un'obiezione che diventa forse anche un cupo presagio.

Vista la difficoltà di scoprire forme di vita nel Sistema Solare persino atterrando sulle superfici, scavando e facendo esperimenti biologici in loco, è probabile che le osservazioni spettroscopiche saranno risolutive solamente nel caso in cui dovessimo notare precisi e molto intensi marcatori biologici nelle atmosfere, quindi nel caso in cui si assista a un ecosistema simile quanto a estensione e complessità a quello terrestre. In questi casi basterebbe notare nello spettro atmosferico dei cambiamenti stagionali e avremmo la prova indipendente dell'esistenza di forme di vita.

In mancanza di dati estremamente chiari (e qui non abbiamo considerato le difficoltà che incontreremo nell'ottenere spettri puliti e precisi), passi in avanti si potranno fare solamente conoscendo in modo estremamente preciso gli eventuali ecosistemi di Marte e Titano e se comprenderemo con precisione quali sono i marcatori atmosferici di forme di vita primitive molto diverse da quelle che attualmente conosciamo.

Una volta esaurite le informazioni che ci può dare lo spettro, sarà difficile fare dei passi in avanti e caratterizzare l'ecosistema.

Una speranza ce la possiamo avere solamente se il pianeta sarà abitato da una civiltà tecnologicamente avanzata. In questi casi qualche astronomo ha proposto che con potenti telescopi e forse anche con gli spettrografi, si potrebbe riuscire a rilevare il chiarore nella parte notturna dovuto alle illuminazioni di grandi ed evolute città aliene (e non solo, lo vedremo meglio nel prossimo capitolo). Poi, spingendoci in là con la fantasia e nel futuro, ci verrebbe in aiuto la parte storica dei programmi SETI: puntare i potenti radiotelescopi verso questi pianeti e cercare di captare qualche trasmissione volontaria o involontaria.

Se l'imbarazzante silenzio continuasse, o la curiosità aumentasse, sarebbe ipotizzabile immaginare di inviare una sonda automatica per esplorarlo e avere le prime immagini di un mondo alieno simile alla Terra?

Se è possibile non è qualcosa che ci riguarda prima di almeno 100 anni. Per arrivare in tempi brevi sul pianeta abitabile più vicino, Tau Ceti e, dovremo capire come percorrere 112 mila miliardi di chilometri (naturalmente solo andata) con i razzi pesanti e poco efficienti di cui disponiamo, in un tempo ragionevole, diciamo un centinaio di anni al massimo. Per colmare una tale distanza ci vorrebbero astronavi in grado di viaggiare a più di 10.000 km/s e questa è un'utopia al momento, dato che le nostre sonde più veloci non hanno superato i 20 km/s in volo libero (cioè non in orbita attorno ad altri corpi).

Anche per raggiungere il pianeta gioviano di Alpha Centauri, il sistema più vicino a 4,3 anni luce, servirebbero velocità ancora ben al di fuori della nostra attuale portata (più economica che tecnologica, perché dei progetti ci sono sin dagli anni 70).

È probabile, quindi, che dovremo accontentarci di uno studio a distanza per diversi decenni senza poter fare molto altro, giungendo a un inevitabile punto di stallo. Considerando le numerose insidie che potrebbero aspettarci a seguito dell'invio di una sonda in un mondo alieno di cui non sappiamo nulla, questa non è proprio una notizia così tragica, anche se oggettivamente frustrante.

Il problema, casomai, sarà puramente psicologico; qualcosa di comune in molte altre situazioni ben più terrestri.

Quando per una vita intera o addirittura generazioni, rincorriamo un desiderio così forte e morboso, un sogno comune che inizialmente era così flebile che bastava sussurrarlo per renderlo etereo, nel momento in cui arriviamo finalmente all'agognato traguardo non importa più, quasi, cosa abbiamo trovato, ma il fatto che la rincorsa, l'obiettivo di una vita, si sia ormai esaurito e abbia improvvisamente ceduto il posto a un vuoto, a una domanda che lascia l'amaro in bocca e che è sempre maledettamente la stessa: e ora cosa facciamo?

Quell'amaro in bocca che proveremo quando scopriremo la risposta alla domanda se l'Universo è popolato o meno da altri esseri, probabilmente sarà lo spunto per riflettere un attimo e insieme trovare un altro obiettivo ambizioso, improponibile, quasi eretico da raggiungere per garantire carburante a sufficienza per alimentare il motore della nostra stessa evoluzione. Forse il sogno impossibile sarà proprio raggiungere quei lontani pianeti.

Alcuni modi fantasiosi per cercare ET

Con i pianeti extrasolari abbiamo compreso che gli sforzi per cercare la risposta alla nostra domanda sono ancora agli inizi. Il fallimento di una serie di progetti, come quelli SETI basati sulla ricerca di segnali radio, deve stimolare a migliorare le nostre conoscenze tecniche e scientifiche.

Se gli alieni non sembrano comunicare secondo i modi che pensiamo noi, o sono effettivamente molto rari, dovremo capirlo continuando a indagare a 360° con l'umiltà per accorgerci quando una strada è senza uscita e la lucidità giusta per provare a "cambiare errore".

In questo capitolo indaghiamo alcuni metodi peculiari e a volte bizzarri con cui si possono tentare di scoprire specie extraterrestri evolute: una specie di SETI 2.0.

Alcuni sono ormai superati e risolti con spiegazioni perfettamente naturali, come l'enigma dei lampi di raggi gamma, altri appena agli inizi e sembrano a volte essere addirittura più fantasiosi dei famigerati avvistamenti UFO qui sulla Terra.

E in effetti, come vedremo nel caso della ricerca delle sfere di Dyson, la sensazione è che stiamo cercando qualcosa di surreale di cui non abbiamo nemmeno la minima prova che possa esistere. Perché questi percorsi dovrebbero essere allora più seri di coloro i quali cercano gli alieni nel giardino di casa?

A contare davvero non è cosa si cerca, né tanto meno il luogo, piuttosto il come. In effetti, in un campo così poco conosciuto, la risposta migliore che si potrebbe dare è tramite un'altra domanda: perché non tentare?

Provare, e forse riprovare ancora con strumenti migliori, non è sbagliato a priori, anzi, è da incoraggiare. È errato invece iniziare una ricerca sapendo già cosa si vuole trovare, al punto che questa idea condizioni irrimediabilmente i nostri studi e l'interpretazione dei dati.

Come accennato, nella nostra atmosfera esistono tanti eventi ancora inspiegabili, ma non c'è nessun indizio che possa legarli a qualche forma di civiltà aliena già presente sul pianeta. Non è pensabile, quindi, né accettabile, cercare con la convinzione che quel fenomeno sia reale: il nostro cervello è impietoso e ci potrebbe mostrare presunti alieni anche quando un palloncino a elio ci passa di fronte al telescopio mentre osserviamo la Luna (una storia vera!).

Poi, certamente, indagare l'eventuale presenza di alieni qui sulla Terra ha il grande svantaggio di una probabilità vicina allo zero. Senza scomodare tecnologie in grado di aggirare le leggi della fisica (non le nostre, quelle dell'Universo!) per viaggi interstellari impossibili, il nostro pianeta è uno rispetto alle centinaia di miliardi della Via Lattea. Sarebbe un po' come sperare di trovare una moneta nascosta a caso in uno qualsiasi dei nostri oceani cercandola sulla riva della spiaggia dove trascorriamo d'estate le vacanze.

Non c'è comunque alcun dubbio: la ricerca che più interessa appassionati e scienziati riguarda la vita intelligente.

I piccoli microrganismi che forse si trovano su Marte e Titano sono interessanti scientificamente ma non ci fanno sentire quel brivido interiore che invece ci regala il solo pensare di scoprire, senza dubbi, i segni di qualche civiltà aliena.

Se il SETI ha fallito fino a questo momento e la ricerca di pianeti extrasolari richiederà ancora qualche anno per trovare molti altri sistemi simili alla Terra, ci sono altre ipotesi su come sperare di rilevare tracce aliene.

Sul piano teorico, seguendo un logicissimo ordine di distanza, la prima ricerca che dovremmo fare, anche se rasente l'impossibile, è vedere se gli alieni sono da queste parti. Non sto naturalmente parlando del fenomeno degli UFO e di presunte astronavi aliene che solcherebbero i nostri cieli...ma forse quasi...

Sonde automatiche a spasso per il Sistema Solare

Senza scomodare la velocità di curvatura di Star Trek, c'è una classe di astronavi, non contenenti materia biologica altamente degradabile come noi, che potrebbe colmare, con estrema calma, la distanza che separa le stelle.

Come facciamo a saperlo con tanta, inaspettata, sicurezza? Perché noi l'abbiamo già fatto!

Le sonde automatiche Voyager 1, Voyager 2, Pioneer 10, Pioneer 11 e New Horizons sono state spedite nelle regioni esterne del Sistema Solare con una velocità sufficiente per sfuggire dall'attrazione gravitazionale del Sole.

Perfettamente conservate nel vuoto dello spazio e in assenza di forze frenanti continueranno per migliaia, milioni e persino miliardi di anni il loro tragitto a spasso per la Galassia. Non saranno più certamente in grado di comunicare con la Terra perché tutti i sistemi avranno esaurito l'energia da parecchi anni, ma rappresenteranno una traccia inequivocabile che una specie aliena, in questo caso noi, esiste e si è evoluta a tal punto da inviare dei manufatti nello spazio aperto.

Cosa ci impedisce di pensare che qualcosa del genere non sia accaduto per qualche altra civiltà sparsa per la Galassia? Assolutamente nulla.

Un giorno, quindi, per caso (o no), potremmo ritrovarci un'astronave automatica aliena nel nostro Sistema Solare: sarebbe la prova più forte e spettacolare dell'esistenza di qualche altra specie evoluta nella Via Lattea.

Tutto terribilmente affascinante, almeno in teoria; i problemi, però, sono due e belli grossi:

1) la Via Lattea è immensa e la probabilità che un'astronave, ormai morta, per puro caso possa avvicinarsi al nostro pianeta potrebbe essere pericolosamente vicina a zero. Certo, se ci fossero miliardi di alieni che riuscissero a spedire nello spazio sonde automatiche, aumenterebbe un po' ma sarebbe comunque bassa;

2) I nostri strumenti non riescono a captare un asteroide di 17 metri di diametro che si trova a poche migliaia di chilometri dalla superficie terrestre (chiedere un parere agli abitanti di Chelyabinsk, Russia, in merito a quanto successe il 15 febbraio 2013), come possiamo sperare di trovare una sonda automatica di pochi metri che potrebbe transitare a milioni o miliardi di chilometri? Al momento, salvo colpi di scena assurdi (precipita sulla Terra o sfiora una delle nostre sonde in orbita attorno agli altri pianeti), non è possibile.

Difficoltà tecniche a parte, è comunque affascinante pensare che le nostre cinque sonde rappresentano delle ambasciatrici silenziose di una specie che probabilmente non esisterà più quando avranno percorso la distanza che ci separa dalla stella più vicina. Con un po' di fortuna visiteranno altri sistemi planetari, magari abitati, e verranno catturate da qualche civiltà che avrà memoria di chi eravamo un tempo tanto, tanto lontano.

In questo caso gli alieni saremmo proprio noi.

Una variante, forse ancora più fantasiosa, presuppone che specie aliene abbiano inviato sonde automatiche con lo scopo di esplorare il nostro Sistema Solare e le abbiano parcheggiate in alcune zone strategiche dal punto di vista gravitazionale.

Sebbene l'ipotesi appaia più fantasiosa e pericolosamente vicina a chi è convinto che gli alieni siano tra noi, presenta anche minori difficoltà rispetto alla ricerca di una sonda automatica morta che effettua un rapido e casuale passaggio: almeno sappiamo dove guardare. E, in effetti, negli anni passati sono stati effettuati studi di questo tipo.

Nel 1979 furono condotte osservazioni nei punti stabili (lagrangiani) del sistema Terra-Luna, alla ricerca di qualche improbabile astronave che ci stesse osservando. Inutile dire che i risultati furono negativi.

Però, in linea di principio un'eventualità di questo tipo non è da escludere. Se un giorno anche noi dovessimo inviare una sonda automatica nei pressi di un vicino sistema planetario, riuscendo a farle percorrere l'immensa distanza in tempi ragionevoli (100 anni), è plausibile pensare di immetterla in un'orbita stabile per studiare da vicino e per molto tempo quei nuovi pianeti. E non c'è bisogno neanche di andare molto avanti con la fantasia per capire che una cosa del genere la stiamo facendo ovunque nel Sistema Solare, con sonde in orbita attorno a Marte, Saturno, presto Giove, e naturalmente nei punti di stabilità del sistema Terra-Sole.

È chiaramente un'eventualità remota, ma se è ammessa dalle leggi della fisica e tecnologicamente fattibile, allora non è da escludere che qualcuno non l'abbia già messa in atto. Certo, anche in questo caso bisognerebbe avere la fortuna (o la sfortuna) di essere il sistema planetario da studiare proprio nel breve periodo di tempo in cui abbiamo i mezzi per scoprire gli spioni!

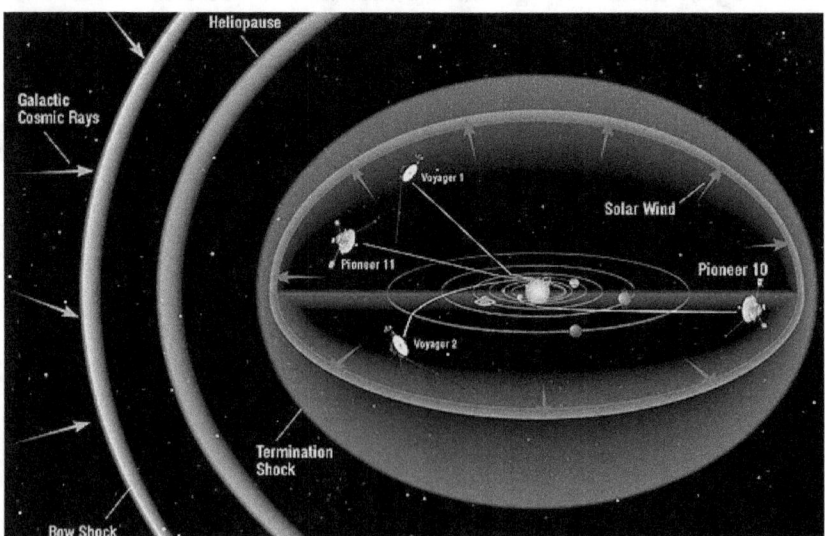

Cinque nostre sonde sono destinate a uscire dal Sistema Solare; di queste quattro si trovano già ai suoi confini. Nel corso di migliaia e milioni di anni visiteranno altri sistemi stellari e saranno la prova più concreta della nostra esistenza. È possibile avere la fortuna di intercettare casualmente o meno, qualche sonda automatica extraterrestre?

I gamma ray bursts

Fino alla metà degli anni novanta alcuni astronomi non escludevano la possibilità che i lampi di raggi gamma (GRB), osservati con cadenza quotidiana in ogni parte del cielo, potessero essere comunicazioni di civiltà aliene tecnologicamente avanzate. Grazie al fascio estremamente collimato possono essere avvistati anche ai confini dell'Universo conosciuto.

A distanza di diversi anni di lampi gamma ne conosciamo migliaia e nella Via Lattea non ne abbiamo visto nessuno.

È possibile quindi che civiltà aliene sparse nell'Universo abbiano inviato nello spazio brevi impulsi laser di raggi gamma (un'idea non nuova per noi) sperando che qualcuno gli rispondesse? La natura extragalattica in effetti è in accordo con i risultati SETI che affermano quanto sia improbabile l'esistenza di civiltà tecnologicamente avanzate nella Via Lattea.

Considerando il numero sterminato di altre galassie nell'Universo, la quantità di civiltà evolute salirebbe vertiginosamente a centinaia di miliardi e i gamma ray bursts sarebbero la prova che cerchiamo da tanto tempo.

Sarebbe uno scenario affascinate che ci farebbe guardare il cielo con occhi sicuramente diversi, dato il grande numero di eventi che si rilevano.

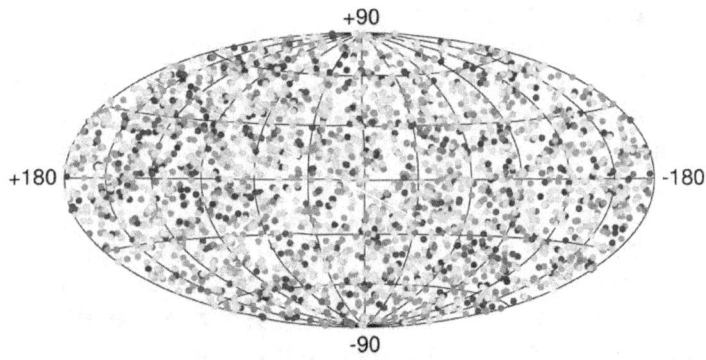

La distribuzione nel cielo dei lampi di raggi gamma: flash di breve durata, a volte inferiore al secondo, che avrebbero potuto rappresentare, secondo alcuni, messaggi da parte di lontane civiltà extraterrestri.

Questa potrebbe essere però una bella trama per qualche libro di fantascienza (bell'idea!), perché i lampi di raggi gamma non hanno affatto un'origine così peculiare.

Negli ultimi anni abbiamo scoperto quello che in realtà ben sapevamo (anche se non c'erano ancora prove definitive): i lampi di raggi gamma sono eventi associati a fenomeni astrofisici violenti, come lo scontro di due stelle di neutroni e la creazione di un buco nero dal collasso di una stella molto massiccia. Sono così energetici che se uno di questi fasci provenisse dalla nostra Galassia e ci investisse in pieno ci arrostirebbe in pochi secondi.

Niente spazio quindi ai dubbi. È stato bello finché l'illusione è durata e fa un certo effetto pensare che questi eventi un tempo non troppo lontano potevano essere considerati messaggi di qualche civiltà.

La sfera di Dyson

Con la scoperta di pianeti extrasolari simili alla Terra, alcuni dei quali molto più vecchi del nostro, è possibile immaginare, con un po' di ottimismo, che alcune civiltà abbiano superato il momento autodistruttivo che noi stiamo attraversando da 70 anni e si trovino in un periodo di sviluppo tecnologico sostenibile molto più avanzato del nostro.

Questa considerazione ci porta a immaginare che le civiltà evolute abbiano prima o poi superato i problemi che attanagliano noi, e si pensa qualsiasi specie che a un certo punto necessita di maggiori risorse di quelle disponibili sul proprio pianeta per continuare a evolvere.

Il primo problema è sicuramente di natura energetica.

I combustibili fossili hanno una durata molto limitata; il nucleare attraverso la fissione pure, mentre la fusione è per noi ancora lungi dall'arrivare (se mai si dovesse rivelare efficiente). L'unica fonte di energia rinnovabile per miliardi di anni è quella emessa dalla stella stessa. A parte una frazione infinitesima che riscalda il pianeta e rende possibile tutti i processi biologici, oltre il 99% della radiazione stellare si disperde semplicemente nello spazio.

Un fisico britannico, Freeman Dyson, ha ipotizzato che una specie evoluta potrebbe trovare vantaggioso circondare il proprio astro di una flotta di sonde con il compito di immagazzinare l'energia e poi utilizzarla. Le migliaia di astronavi finirebbero per costituire una specie di sfera attorno alla stella, ribattezzata sfera di Dyson.

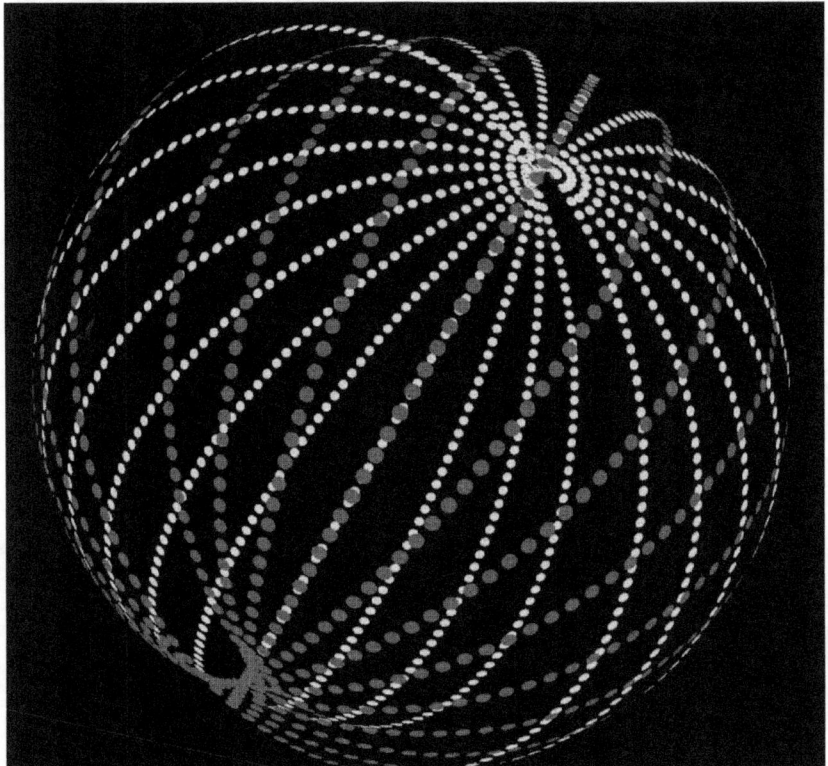

Una sfera di Dyson costituita da migliaia di satelliti in orbita attorno alla stella capaci di catturare la sua energia. Sembra fantascienza, ma se qualcuno l'avesse costruita potremmo avere gli strumenti per rilevarla.

Impossibile? Fantascienza pura?

Guardiamo la Terra da lontano e scopriremo che involontariamente e caoticamente una specie di sfera di Dyson l'abbiamo
già costruita con migliaia di satelliti immessi nelle basse orbite.
Probabilmente, se vivremo abbastanza a lungo, anche noi un
giorno dovremo pensare a una soluzione di questo tipo (per
ora è troppo efficiente e democratica per noi che siamo ancora
in piena fase autodistruttiva).
Una consistente sfera di Dyson dovrebbe assorbire una rile-
vante quantità di luce stellare e rendersi quindi visibile attraverso misure spettroscopiche come dei segnali anomali e inspiegabili nello spettro delle stelle. L'aumento della temperatura di questi ipotetici pannelli solari causato dalla radiazione
stellare dovrebbe essere visibile come un eccesso di infraros-
so.
Sembra fantascientifico o quantomeno azzardato, ma una ricerca in tal senso è stata effettivamente condotta, se non altro
perché quasi gratuita. Per scoprire anomalie nella parte infra-
rossa dello spettro un gruppo di ricerca del Fermilab (Chicago)
ha analizzato scrupolosamente i dati di un satellite, IRAS, disponibili ormai da diversi anni a tutti gli istituti di ricerca. Su
250.000 stelle sparse nel 96% dell'intera volta celeste, sono
stati individuati 17 possibili candidati, tra cui 4 mostrano anomalie interessanti che richiedono maggiori approfondimenti e
che al momento non è possibile spiegare attraverso qualche
fenomeno naturale conosciuto.
Il candidato migliore che sembrerebbe soddisfare i calcoli e le
proprietà di una sfera di Dyson costruita secondo le nostre attuali conoscenze è IRAS 20369-5131.
I promotori della ricerca affermano che con i dati di IRAS è
possibile in teoria scoprire sfere di Dyson fino a una distanza
di circa 1000 anni luce. Potrebbe essere una ricerca infruttuo-
sa, forse, ma perché non continuare visto che ha costi irrisori e
la nostra tecnologia non soffre, come invece succede per
l'individuazione di pianeti extrasolari di tipo terrestre?

Industrie extraterrestri

Un altro modo interessante per rilevare eventuali civiltà avanzate consiste nello sbirciare da lontano cosa accade nelle atmosfere dei loro pianeti. Se prima o poi ogni specie evoluta attraversa la fase di inquinamento massiccio così di moda oggigiorno sulla Terra, allora nelle atmosfere si dovrebbero rilevare tracce di elementi di chiara origine artificiale, risultato diretto di grandi industrie aliene.

Come gli altri, si tratta di un pensiero ardito plasmato a nostra immagine e somiglianza, che questa volta è aggravato anche dal fatto che noi attualmente non abbiamo la tecnologia per rilevare lo spettro di pianeti extrasolari terrestri.

Stiamo riuscendo timidamente a scoprire con estrema difficoltà la composizione chimica macroscopica dei grandi Giovi caldi, quindi trascorreranno diversi anni prima di riuscire a cercare altre specie con lo stesso nostro disprezzo per l'ambiente.

Cave cosmiche

Spingendoci verso situazioni al limite della fantasia, si può pensare che una specie evoluta abbia risolto i problemi di carenza di materie prime sfruttando in modo efficiente le grandi riserve costituite da asteroidi e comete. Ammesso che ciò sia effettivamente fattibile su una scala talmente grande da modificare pesantemente la disposizione e il numero degli asteroidi nei sistemi planetari, pensare di rilevare qualche anomalia di questo tipo, quando non riusciamo neanche a vedere i ben più grandi pianeti, è quantomeno azzardato, almeno per altri 50-100 anni. Ma lavorare di fantasia ha il grande pregio di non costare nulla (almeno per ora!).

Le nostre sensazioni

Siamo arrivati al termine di questo lungo percorso, nel classico capitolo finale nel quale si tirano un po' le somme.

Abbiamo affrontato temi davvero affascinanti, ma anche terribilmente complessi e incompleti per l'attuale stato delle nostre conoscenze. Alle fine, forse, non abbiamo neanche più compreso quale possa essere la risposta alla domanda con cui siamo partiti: c'è vita al di fuori della Terra?

La risposta a livello scientifico, quindi con prove inoppugnabili a supporto, non può essere ancora data, ma logica, esperienza, osservazioni e qualche principio fisico e chimico possono comunque darci un'idea piuttosto chiara.

E la sensazione, giunti a questo punto, è che si tratta solamente di una mera questione di tempo, soprattutto per quanto riguarda il molto promettente cammino attraverso la ricerca dei pianeti extrasolari.

Non abbiamo trovato il gemello perfetto della Terra, è vero, ma l'analisi delle migliaia di stelle da parte di Kepler ci ha dato una mano formidabile nel chiarire le nostre idee e dipanare i dubbi, anche dei più scettici.

Attorno a stelle simili al Sole e più piccole come le nane rosse, Kepler ha scoperto molti pianeti rocciosi. Considerando il calcolo totale, che include anche quelli fuori dalla fascia di abitabilità, Kepler ha rilevato più di 1400 superterre, più di 300 pianeti di massa terrestre, più di 50 corpi della massa di Marte e addirittura un paio di massa comparabile con quella di Mercurio (non troppo diversi dalla nostra Luna). Tutto questo analizzando solamente i transiti, quindi esclusivamente quei sistemi planetari che vengono visti quasi perfettamente di taglio. Se assumiamo che le inclinazioni dei sistemi stellari non abbiano una distribuzione particolare nei confronti della Terra, questo significa che Kepler ha scoperto meno del 10% dei sistemi planetari effettivamente presenti nel campo analizzato. Considerando i limiti nelle osservazioni, sia dal punto di vista fotometrico che temporale, la percentuale si abbassa e potrebbe attestarsi su un più verosimile valore del 5%.

Molte delle stelle analizzate sono piccoli astri rossi o al limite simili al Sole, di magnitudine intorno alla dodicesima, quindi entro un paio di migliaia di anni luce.

Le scoperte di Kepler confermano le statistiche riportate nel paragrafo dedicato al numero di pianeti e ci dicono che nella Via Lattea potrebbero esserci qualcosa come 17 miliardi di Terre. Per pianeti simili alla Terra ci riferiamo a corpi celesti con un raggio compreso tra 0,5 e 1,4 volte, quindi anche molte delle superterre di minor massa.

Ma i dati di Kepler ci dicono anche un'altra cosa, ancora più sconvolgente: il 48% delle stelle di classe M ospiterebbe un pianeta terrestre potenzialmente abitabile. Considerando la grande abbondanza di questi astri anche nelle zone adiacenti il Sistema Solare, ci sarebbe in media un pianeta abitabile di tipo terrestre ogni 6,4 anni luce, praticamente dietro l'angolo per le scale dell'Universo. Non solo, ma la probabilità di trovare un pianeta terrestre entro una sfera dal raggio di 10 anni luce sarebbe del 94%: quasi una certezza!

Quello che ci dicono questi primi dati statistici, che finalmente si basano su un gran campione di stelle e di analisi, è che pianeti di taglia terrestre sono presenti un po' ovunque nella Galassia e rappresentano la normale evoluzione delle stelle simili al Sole e delle piccole nane rosse, alla stregua dei satelliti naturali attorno ai pianeti gioviani: è un processo inevitabile.

Con un numero così alto di pianeti di taglia terrestre, quindi, è scontato trovarne molti nella fascia di abitabilità.

Ora basta fare davvero 2+2 per scorgere una risposta.

Le molecole organiche e l'acqua sono presenti ovunque nel Cosmo e in quantità abbondanti; la vita, per quello che vediamo qui sulla Terra e per gli esperimenti eseguiti (ricordiamo quelli che riproducevano le condizioni marziane), riesce a nascere e prosperare anche in ambienti proibitivi e quando trova condizioni stabili non si fa certo sfuggire l'occasione.

La sensazione, quindi, è che forme di vita, almeno semplice, possano prosperare un po' ovunque nell'Universo ed essere frequenti quanto i pianeti di tipo terrestre nelle zone di abitabilità. Un'esplosione di vita che fa parte dell'essenza stessa dell'Universo alla stregua delle stelle, delle galassie, delle nebulose e degli ammassi. Non più quindi eccezione, uno strappo a una regola che deriva dalla combinazione assurda di variabili quasi impossibili da mettere nella giusta sequenza, piuttosto il risultato semplice, quasi scontato, delle leggi della fisica, le stesse che regolano tutto quello che possiamo vedere.

Alla risposta se siamo soli o meno nell'Universo ormai nessun astronomo si sognerebbe quindi di dire di no; sarebbe assurdo come credere che la Terra sia piatta.

Un discorso diverso riguarda invece l'esistenza della vita intelligente. La risposta, in senso assoluto, è sicuramente positiva: non siamo gli unici esseri intelligenti dell'Universo.

Bisogna però capire ancora quanto sia frequente questa eventualità, perché se nel nostro piccolo abbiamo compreso come sia relativamente facile per molecole inanimate mettersi insieme e formare i primi organismi viventi in pochi milioni di anni, è altrettanto evidente, grazie agli sconfortanti dati delle varie ricerche SETI, che l'Universo sia un luogo sorprendentemente più silenzioso di quanto si pensasse.

Sono passati più di cento anni da quando Nikola Tesla ipotizzò di ascoltare messaggi alieni attraverso le onde radio da poco scoperte, ed ere geologiche da quando Guglielmo Marconi affermava di essere riuscito a ricevere trasmissioni da Marte.

Kepler ci ha dato risultati in forte contrasto con il SETI: possibile che su quasi 20 miliardi di Terre nella Via Lattea nessuna ospiti forme di vita intelligenti, che l'equazione di Drake sia ancora inchiodata su valori bassissimi? No, c'è qualcosa sotto che riguarda sicuramente il nostro modo di cercare attraverso le onde radio.

Popolato o no da esseri intelligenti, quello che sembra evidente è la lunga strada che dobbiamo ancora compiere dal punto di vista tecnologico e biologico per comprendere come funzionano i complessi meccanismi della vita. E la risposta, prima ancora di cercarla nelle stelle, dobbiamo trovarla qui sulla Terra e nel nostro Sistema Solare.

Per il momento, quindi, accontentiamoci di qualcosa di meno scientifico: la sensazione che potrebbe succedere di tutto da un giorno all'altro. Potremmo ricevere un segnale senza preavviso, forte, inequivocabile, decifrabile, come la protagonista di "Contact" (difficile), oppure scoprire il nostro pianeta gemello da un giorno all'altro o una luna sorprendentemente simile alla Terra.

La sensazione è che una svolta improvvisa e spettacolare possa essere dietro l'angolo perché la scienza, la nostra scienza, è sul punto di una scoperta epocale.

I tempi? Forse dieci anni al massimo.

Accontentiamoci per adesso del fatto che la prova più forte di non essere soli nell'Universo ce l'abbiamo sotto gli occhi ogni giorno: siamo noi stessi, materia comune in un luogo anonimo dell'Universo. È la nostra stessa esistenza a dirci di non essere gli unici, perché se il Cosmo ci ha dato quest'opportunità, nella sua enorme estensione sarà successo molte altre volte.

Per ora la gioia più intensa che possiamo provare è con noi stessi.

In una notte serena prendiamoci un po' di tempo dai rumori e dalle luci delle città e andiamocene in campagna. Distesi su un prato, nel silenzio dell'Universo, osserviamo la luce scintillante di quelle lontane fiammelle. Tra noi e loro ci separa solo un sottile e trasparente strato d'aria.

Scrutiamo, e pensiamo che sicuramente su una di quelle fioche stelle ci sarà qualcuno che in questo momento, sdraiato su un prato molto diverso dal nostro, guarderà un cielo differente nel quale un debole astro giallastro condivide silenzioso il segreto più grande e misterioso dell'Universo: la sua stessa coscienza.

È successo una volta, miliardi di anni fa su un pianeta azzurro chiamato Terra quasi distrutto da un immenso impatto. Nulla vieta che possa essere accaduto altre volte, in molti altri luoghi dell'Universo.

Bibliografia

Testi dell'autore

- **Tecniche, trucchi e segreti dell'imaging planetario:** Il manuale completo per riprendere in alta risoluzione i corpi del Sistema Solare. *Amazon-Createspace 2013*
- **A testa in giù, sotto un cielo perfetto:** Diario di viaggio nell'Australia tra natura, lo spettacolo del cielo australe e l'eclisse totale di Sole. *Amazon-Createspace 2013*
- **Astronomia per tutti:** Fascicoli mensili di astronomia pratica e teorica. *Amazon-Createspace 2013*
- **Nella mente dell'Universo:** Viaggio attraverso le incredibili proprietà della Natura e la stupefacente genialità degli esseri umani. *Lulu 2012*
- **La mia prima guida del cielo:** Mappe, miti e oggetti da osservare delle costellazioni visibili dall'Italia. *Lulu 2012*
- **Sulle spalle di un raggio di luce:** domande di astronomia di un bambino che osserva il cielo con suo padre. *Lulu 2012*
- **Conoscere, capire, esplorare il Sistema Solare:** Misteri, meraviglie e speranze nella straordinaria avventura dell'osservazione e dell'esplorazione del nostro vicinato cosmico. *Lulu 2012*
- **Astrofisica per tutti:** scoprire l'Universo con il proprio telescopio. *Lulu 2012*
- **L'Universo in 25 centimetri:** tutto quello che è possibile fare con una camera planetaria e un telescopio amatoriale. *Springer 2011*
- **Primo incontro con il cielo stellato:** Il manuale più completo per avvicinarsi all'osservazione consapevole del cielo. *Lulu 2011*
- **Galassie:** proprietà, formazione ed evoluzione dei mattoni dell'Universo. *Lulu 2011*
- **Elettrostatica:** Proprietà e grandezze associate ai campi elettrostatici. *Lulu 2011.*

Biografia

Daniele Gasparri
è nato il 24 agosto 1983
nella campagna Umbra
tra Perugia e Terni.
La passione per
l'astronomia è nata in
occasione del suo deci-
mo compleanno, quando
ha ricevuto per regalo un
binocolo astronomico per
osservare il cielo.

Da quel momento
l'astronomia ha rappresentato gran parte della sua vita e con-
dizionato tutte le scelte più importanti.
Studia astronomia all'università di Bologna e ha collaborato
dal 2007 al 2012 con la rivista di astronomia Coelum. Al suo
attivo ha oltre 50 articoli divulgativi pubblicati sulla rivista e alcune pubblicazioni su riviste internazionali divulgative e acca-
demiche (Sky and Telescope, Astronomy and Astrophysics).
È stato il primo al mondo a scoprire un pianeta extrasolare con
strumentazione amatoriale (HD17156b) a separare insieme
all'astrofilo Antonello Medugno la coppia Plutone-Caronte.
Dal 2007 si occupa principalmente del pianeta Venere, avendo
sviluppato tecniche di ripresa che consentono di ottenere immagini della spessa coltre di nubi e della superficie con una
risoluzione migliore di quella ottenuta con i potenti telescopi
professionali.
La passione per la divulgazione lo porta spesso a tenere corsi
di astronomia, conferenze e serate pubbliche.
È presidente dell'associazione astrofili Paolo Maffei di Perugia.

Ringraziamenti

Questo libro, come quasi tutti gli altri miei titoli, è completamente autoprodotto. La struttura del testo, l'impaginazione, la formattazione, la correzione e la copertina sono stati curati personalmente. Ma di certo non sono io il destinatario dei ringraziamenti di questa parte conclusiva, piuttosto tutte le persone che tra il 3 e il 17 maggio 2013 hanno accolto l'invito che ho lanciato sul mio blog: proporre un titolo.
La partecipazione è stata ben al di là delle mie aspettative, con quasi cinquanta titoli proposti.
Sceglierne uno è stato estremamente difficile, molto più di quanto pensassi, e alla fine ho selezionato il titolo proposto da Girolamo Raso, con una piccola aggiunta da parte mia.
Ma ringraziare solamente lui significherebbe far torto a tutti gli altri.
Per questo motivo voglio ringraziarvi uno ad uno, in rigoroso ordine di partecipazione:
Massimo Del Savio
Diego Rovere
Elnaz Asadollahi
Emanuele Monti
Cristiano Ceracchini
Saimonphilips (nome utente di blogger)
Michele Russo
Anna Luongo
Antonio D'alonzo
Gabriele Trincia
Mimma Colella
Salvatore Damato
Giovanni Giardina
Girolamo Raso
Alessio Novi
Susanna Aiello
Simone Gasparoni

Martino Artioli
Raffaele Borca
Fabio Bradach
Paolo
Arthur
Andrea
Fabio P.

È stato un piacere condividere con voi questo viaggio attraverso la vita nell'Universo; grazie di cuore!

Daniele Gasparri.